ゼロトラストセキュリティ
実践ガイド

A Practical Guide to Zero Trust Security

津郷 晶也 著

インプレス

インプレスの書籍ホームページ

書籍の新刊や正誤表など最新情報を随時更新しております。

https://book.impress.co.jp/

 はじめに

　近年、リモートワークを普及させ業務改善を図りたい一方で、標的型攻撃やランサムウェアによる攻撃は減ることがなく、被害に関するニュースは後を絶ちません。セキュリティ強化が叫ばれる中、ゼロトラストは1つの解決策になりえる存在です。ただ、実際にゼロトラストを実践しようとするとさまざまなサービスや技術を組み合わせる必要があり、難易度がとても高いものです。本書はハンズオンを通してより、そのような難易度の高い実践的なゼロトラスト移行について、実際のやり方を学べる書籍です。

想定読者

　本書は、以下のような背景を持つ読者を想定しています。

会社の概要

- 会社規模が200～250名。
- 今後やりたいこと
  - 上場を視野に入れ、セキュリティ体制の強化を目指している。
- 現状のシステム環境
  - 社内向けのシステムはオンプレミス環境で運用している。
  - 社外向けのシステムでは、オンプレミスとクラウドの双方を活用している。
  - 社内向けシステムと社外向けシステムともに、境界型セキュリティを基盤とした構築がなされている。

読者の役割・知識

- 上記のような会社のIT部門、特に社内インフラを担当するチームのリーダーまたは担当者相当の方。
- ネットワークに関する基本的な知識を有している。例えば、IPアドレス、サブネット、ポートなどの概念についての理解がある。
- WAF (Web Application Firewall)、IPS/IDS (Intrusion Prevention System/Intrusion Detection System) といったネット

ワークセキュリティに関する基礎的な用語を聞いたことがある、または概要を理解している。

ハンズオンの前提

本書に含まれるハンズオンは、「想定読者」に記載したような知識がある前提となっています。ITインフラに関する基本的な知識や経験があれば問題ありません。ハンズオンを実施する場合、ITインフラに関する知識に加えて、アプリケーション開発やクラウドサービスについての基本知識があると、よりスムーズにハンズオンを進めることができます。

ハンズオン環境

本書に含まれるハンズオンでは「ローカルPC環境」と「クラウド環境（Azure）」を利用します。

ローカルPC環境

ハンズオンでは、業務システムに相当する簡単なNode.jsアプリケーションの開発を行います。開発には次のようなツールを利用します。次に挙げるツール類はあらかじめインストールや環境設定が行われている前提で進めますので、ご自身の環境にない場合は事前にインストールや環境設定をお願いいたします。

- Git
- Node.js v18 or later
- Visual Studio Code

クラウド環境

本書に含まれるハンズオンでは、Azure上に2つの環境を構築します。1つは従来のオンプレミス環境を模倣したもの、もう1つはゼロトラストを前提とした新しいセキュリティ体制を想定した環境です。

最初にオンプレミス相当の模倣環境を構築し、ハンズオンの進行とともに、ゼロトラスト環境へ移行させるための設定や操作を行っていきます。

　ハンズオンではクラウドサービスを利用しており、利用方法によっては課金が発生することがありますのでご自身でご注意いただくようお願いいたします。

動作確認環境

　本書に含まれるハンズオンは、以下の動作環境で動作確認しています。

ローカルPC環境

- Windows 11 Pro 22H2 (64bit)
- Git v2.38.1
- Node.js v18.16.1
- Visual Studio Code 1.81.1

クラウド環境

- Azure
- Windows Server 2019 Datacenter
- CentOS 8

謝辞

　本書の内容に関する貴重な意見やアドバイスを提供してくださった古澤魁さん、宮川麻里さんに深く感謝いたします。皆さんの厳しいレビューや的確な意見のおかげで、この書籍をより質の高いものとして完成させることができました。

　本書の出版を可能にしてくださった出版社のスタッフの皆様にも感謝申し上げます。初稿から最終稿までの多くのプロセスをサポートしてくださり、また、書籍化にあたって必要なレイアウトやデザインにまで気を配っていただき感謝しています。

目次

Chapter 5 ゼロトラストに対する脅威と対策 419

ゼロトラストとは

ゼロトラストセキュリティとは何か

　急激に進む働き方の変化に伴い企業のセキュリティも変化が求められています。本セクションでは、新しく注目されているゼロトラストがどのようなものなのかについて紹介していきます。

1-1-1　ゼロトラストとは

　ゼロトラストとは、「何も信頼しない（＝すべてを疑う）」ことを前提にシステムを設計していく「サイバーセキュリティに対する考え方、設計思想」です。ゼロトラストという考え方／設計思想を理解するために大切なポイントが2点あります。

　1.「何も信頼しない」とはどういうことなのか
　2.「セキュリティに対する考え方／設計思想」とはどういうことなのか

　以降ではそれぞれについてその意味を考えていきます。

1-1-2　考え方／設計思想であるとは

　まず、ゼロトラストとは「セキュリティに対する考え方／設計思想」であるという点については、ゼロトラストというものがある特定の具体的な実装や技術を示しているわけではないということを意味します。ゼロトラストは、システム開発でいうところの「設計」に相当するものなので、当然、その実現方法や実装方法はさまざまです。つまり、会社やシステム、取り組もうとしているプロジェクトに対してゼロトラストの「考え方」を適用することが可能であり、一方でその実装方法や実現方法としてどのような技術を用いるのかはさまざまに変化します。

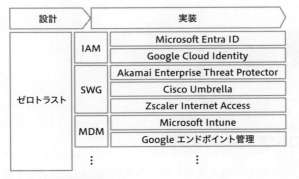

図1　設計と実装の関係

1-1-3　何も信頼しないとは

　もう1つの「何も信頼しない」という点についてですが、これは、これまでの境界型セキュリティモデルのように外部と内部に二分割して、外部は信頼できない、内部なら信頼できるとする設計思想ではなく、そもそも「すべての通信／アクセスを疑う」という考え方です。

　ゼロトラストの考え方では、境界を取り払い、取り払ったことによってすべての通信を一律で同じように疑う必要が出てきます。「すべて」という部分をもう少し具体的にしていくと、疑う対象は、社内や社外といったアクセス元のネットワーク的な「場所」に関係なく、アクセスする際に利用している「端末」の種類にも関係なく、正規ユーザーなのか悪意あるユーザーなのかといった「ユーザー」も関係ありません。また、一度でも本人確認ができているかどうかといった本人確認の「タイミング」も関係ありません。ID／パスワードによって一度本人確認をしたとしても、普段と違う動きをしているようであれば本人であるか疑います。つまり、いつ、どこから、誰が、何を使って、どんな状態で、どのようにアクセスしたとしても、常に一律で同じように疑って本人確認を行い、信頼できると判断できた場合にのみ通信を許可する、こうした考え方がゼロトラストです。

1

ゼロトラストとは

図2　会社リソースへアクセスする際に確認すること

1-1-4 「ゼロトラスト」の実現

　ゼロトラストという新しい考え方をこれから実践していこうとする際、どのようなことを考える必要があるでしょうか。

　実は、従来型のセキュリティモデル（境界型セキュリティモデル）における考え方が無意味になったわけではありません。むしろ、ゼロトラストセキュリティモデルは境界型セキュリティモデルを発展させるものだとイメージしてください。つまり、旧来型の境界型セキュリティモデルで必要とされるセキュリティ担保のやり方は理解したうえで、新しいサイバーセキュリティ対策を行っていく必要があります。

　次に、ゼロトラストの基本ともいえる「いつ、どこから、誰が、何を使って、どんな状態で、どのようにアクセスしたとしても、常に一律で同じように疑って本人確認を行い、信頼できると判断できた場合にのみ通信を許可する」という仕組みを実現する必要があります。

　そして最後に必要となるのが監視や分析の仕組みです。ゼロトラストのように常に疑うというアプローチをとろうとすると、異常をリアルタイムで検出して対応するための継続的な監視や分析が必要となります。

1-1-5 さまざまな「ゼロトラスト」

　世の中を見ていると、さまざまな「ゼロトラスト○○」といった用語を見かけないでしょうか。前述のとおり「ゼロトラスト」は、セキュリティを考えるうえでの考え方、設計方針になります。似たような呼び方で「ゼロトラストセキュリティ」や「ゼロトラストセキュリティモデル」という言葉も見かけますが、おおよそ同じ意味合いで使われていることが多いです。一方、

その適用先や話題として主眼が設計にある場合、「ゼロトラストアーキテクチャ」となったり、ネットワーク設計に主眼があれば「ゼロトラストネットワーク」となったり、接頭語に「ゼロトラスト」を冠した用語が使われるケースもあります。ただ、いずれにしても根底にある考え方は変わらず、「すべてを疑う」という点は同じです。接頭語として「ゼロトラスト」がついている用語は「より範囲を絞って特化した内容を語っている」ととらえると認識のズレが防げるでしょう。

1-2 従来のネットワークセキュリティ

従来の境界型セキュリティの考え方は、新しいゼロトラストセキュリティモデルを考えるうえでも必要となります。本セクションでは、旧来の境界型セキュリティがどのようなものだったかを振り返っていきます。

1-2-1 境界型セキュリティとは

ゼロトラストの考え方が登場するより前のセキュリティモデルは、「境界型セキュリティ」と呼ばれる考え方が主流でした。

この「境界型セキュリティ」では、「インターネット（＝社外のネットワーク）」と「イントラネット（＝社内のネットワーク）」の2つにネットワークを大きく分割します。このとき、「インターネット（外側）」は「信頼できない場所」、「イントラネット（内側）」は「信頼できる場所」と考えます。そして、その境界上にファイアウォールやVPN（仮想プライベートネットワーク）、IDS（侵入検知システム）などのセキュリティ対策を講じることで、外からの攻撃を防ぎ、内部のシステムやデータを守っていくという考え方です。また、ネットワーク領域を二分割して境界を作るという点から「境界型セキュリティ」と呼ばれていました。

境界型セキュリティを構築する際の主要な考慮事項には次のようなものがあります。

- ネットワーク境界の対策（入口対策、出口対策）
- イントラネット内の対策（内部対策）

また、これらの考慮事項に加えて次のような設計原則についても考慮する必要があります。

- 多重防御
- 最小権限の原則

図3 境界型セキュリティにおける防御のポイント

1-2-2 ネットワーク境界の対策（入口対策、出口対策）

ネットワーク境界における対策を検討するときには、「外部公開するシステム」と「社内／社員の通信」の2つに分けて考えます。

まずは「外部公開するシステム」ですが、このケースでよく登場するのが次のようなソリューションの導入です。

- WAF (Web Application Firewall)
- IDS (Intrusion Detection System) ／IPS (Intrusion Prevention System)
- ファイアウォール

稼働させるシステムやセキュリティに対する考え方によってどれを使うかは変わってきますが、前述のWAF、IPS／IDS、ファイアウォールのすべてを用いるのが最も対策をとっている状態になります。以降では簡単にそれぞれの特徴について確認していきましょう。

WAFとは、ネットワーク境界において、特にインターネットからイントラネットに入ってくる通信の内容を分析し、潜在的に有害な可能性があるHTTP／HTTPSトラフィックがないかを監視し、必要に応じて警告またはブロックするソリューションです。一般的なWAFで防げる攻撃はWebア

プリケーションの脆弱性を狙ったもので、たとえば、SQLインジェクションやクロスサイトスクリプティング、コマンドインジェクションなどです。また、フィルタリングのカスタマイズやルールのアップデートなどにより、ゼロデイ攻撃（ソフトウェアなどの脆弱性が発見されたときに、情報公開や対策が行われるよりも前に当該脆弱性を突く攻撃）を狙われた際にシステム改修が間に合わない間の攻撃をしのぐためのパッチ的な対応にも利用できる点がWAFの代表的な特徴になります。

　IDSもIPSもネットワーク上の通信を監視し、不正アクセスや悪意のある攻撃から保護するソリューションです。IDSは「不正侵入検知システム」と呼ばれ、不正アクセスの検知と発報を主な役割とします。一方、IPSは「不正侵入防止システム」と呼ばれ、不正アクセスの遮断を主な役割とします。IDS／IPSにおける検知／防御の方法は大きく2種類あります。1つは「シグネチャベース検出」で、トラフィックの内容が既知の攻撃パターンと一致するか照合し、攻撃パターンと一致する場合に検知／遮断を行う方法です。シグネチャベース検出は、いわゆるブラックリストのような設定になります。もう1つは「アノマリーベース検出」で、通常の運用状態を定義し、基準を逸脱する通信がある場合に検知／遮断を行う方法です。アノマリーベース検出はシグネチャベースとは逆で、ホワイトリストのような設定になります。一般的なIDS／IPSで防げる攻撃には、DoS攻撃／DDoS攻撃、Synフラッド攻撃、バッファオーバーフロー攻撃などがあります。

　ファイアウォールは、あらかじめ決められたルールに基づいて、ネットワーク上の通信を許可／拒否するソリューションです。一般的なファイアウォールで使用されるフィルタルールは、IPアドレスやポート、プロトコルなどの組み合わせで定義されます。利用シーンとしては、外部システムとの通信がわかりやすい例でしょう。イントラネットに入ってくる通信においては、送信元として指定したIPアドレスとポート、プロトコルのみを許可します。また、逆にインターネットに出る場合も、指定したIPアドレス、ポート、プロトコルしか許可しないようにします。こうした制限によって不正アクセスや脅威から保護する仕組みになっています。

WAFと、IDS／IPS、ファイアウォールは、OSI参照モデルにおける保護する階層が異なります。WAFはTCP/IP階層でいうアプリケーション層レベルの内容を見て判断しますが、IDS／IPSやファイアウォールはTCP/IP階層でいうトランスポート層やインターネット層の内容で判断します。

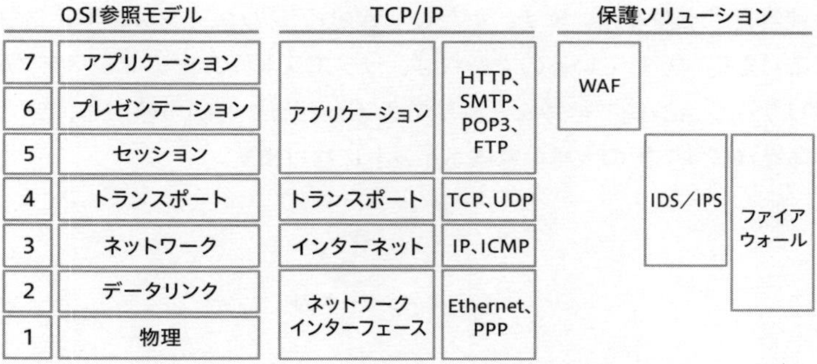

OSI参照モデル		TCP/IP		保護ソリューション
7	アプリケーション	アプリケーション	HTTP、SMTP、POP3、FTP	WAF
6	プレゼンテーション			
5	セッション			
4	トランスポート	トランスポート	TCP、UDP	IDS／IPS　ファイアウォール
3	ネットワーク	インターネット	IP、ICMP	
2	データリンク	ネットワークインターフェース	Ethernet、PPP	
1	物理			

図4　OSI参照モデルと保護ソリューションのカバー範囲の関係

　一般的に外部公開するシステムで、かつセキュリティ要件が厳しい場合は、WAF、IDS／IPS、ファイアウォールのすべてを利用することもあります。ただ、よく見かける構成は、入口（入ってくるリクエスト）に対してWAFを構成し、出口（出ていくリクエスト）に対してファイアウォールを構成するというシンプルなアーキテクチャです。このとき、入口（入ってくるリクエスト）への対策は、外部に公開しているサーバーにおいて外部の一般ユーザーが内部のサーバーに入ってくる際のリクエストの内容を検証するもので、外部からのあやしいリクエスト（SQLインジェクションや一般的に知られた管理ポータルアドレスへのアクセスなど）がないかの検知と遮断を行います。出口（出ていくリクエスト）への対策は、たとえば外部サービスと連携を行うようなケースで、自社で運用していない外部サーバーに自社サーバーがリクエストを送信する際、サーバー運用者が意図しないサーバー（悪意あるユーザーが運用するサーバーや、自社サーバーが悪意あるユーザーの踏み台サーバーにされるケースで攻撃対象となるような他社サーバーなど）にアクセスさせないようにします。

　WAFとIDS／IPS、ファイアウォールをすべて使う場合、順序に関して

はソリューションによって異なるため、どのような順の構成が多いか一概にいうのは難しいですが、低レイヤーの保護（ファイアウォールを使った保護）から行えたほうがシステム全体としては無駄が少なくなります。これは、たとえばWAFはOSI参照モデルのL7レベルで保護するものなので、内部的にはL1から順にL7まで処理したうえで、L7の判定を行っていると考えると理解できるかと思います。ただし、Webアプリケーションでアクセス元に応じた処理をしているのであれば、リクエスト元のIPアドレスをWebアプリケーション側できちんと確認できるかどうかという観点も、システム全体を構成する際の大事な考慮ポイントになります。

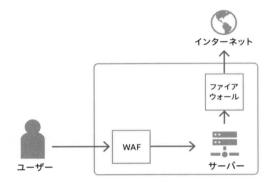

図5　一般的な保護ソリューション適用例

　一般的に外部公開されるシステムであれば前述のソリューションや構成を検討しますが、実際の会社では従業員がやりとりするツールである「メール」や「ネットサーフィン」といった通信が境界を出入りする主要なものとして存在します。これらの通信に対しては次のようなソリューションの導入を検討します。

- メールフィルタ
- Webフィルタ

　一般的なメールフィルタには、添付ファイルにマルウェアが含まれていないか検査して遮断／除去したり、スパムメールやなりすましメールでは

ないか検査して遮断したりといった機能があります。ほかにも製品によっては、メール本文内のリンクを検査したり、サンドボックスを使った添付ファイルのふるまい検知をしたりするものもあります。

　Webフィルタは一般的に、社員がアクセスするインターネット上のサイトに対して、業務上関係のないサイトや悪意のあるサイトにアクセスしないようにフィルタリングを行うソリューションです。一般的なWebフィルタリングでは、あらかじめセキュリティリスクのあるサイトのURLがリストで登録されているので、これらのURLリストを使って通信をフィルタします。

1-2-3　イントラネット内の対策（内部対策）

　イントラネット内についての対策はいくつかありますが、代表的な観点として次のようなものがあります。

- エンドポイント保護
- ログの管理および監視
- アクセス制御
- セグメンテーション
- バックアップ
- ユーザー教育

　また、これらの観点はそれぞれ「サーバー」と「クライアント」という2つの軸の掛け算で考える必要があります。

　「エンドポイント保護」では、エンドポイントデバイス（サーバー、デスクトップやラップトップのクライアントPC、スマートフォンなど）に対するソフト的なセキュリティ対策とハード的なセキュリティ対策を行うことで、情報漏えいやマルウェア感染のリスクを低減します。これには、次のような観点が含まれます。

- ソフト的なセキュリティ対策

- アンチウィルス／アンチマルウェア
- パッチ管理
- ハード的なセキュリティ対策
  - ストレージ暗号化
  - デバイス制御
  - リモートワイプ

　アンチウィルス／アンチマルウェアは一般的にもイメージしやすいものかと思います。エンドポイントデバイスにアンチウィルス／アンチマルウェアソフトウェアをインストールし、リアルタイムでスキャンを実行して、ウィルスやマルウェアを検知／検疫して感染を防止します。アンチウィルス／アンチマルウェアには、最近2種類の検知方法が用いられるようになっています。「パターンマッチ」と「ふるまい検知」です。パターンマッチでは、既知のウィルス情報と新しく配置されたファイルやアプリケーションとを照合して、一致したものをウィルス／マルウェアとして報告します。この方法には、検出が速く確実といったメリットがあります。一方で、未知のウィルス／マルウェアには対処できないといった問題もあります。この未知のウィルス／マルウェアに対処する手段として出てきたのがふるまい検知です。ふるまい検知では、アプリケーションの動きから怪しい操作をしているアプリケーションを検出します。したがって、今まで報告されたことのない新種のウィルスであっても対応できる可能性があるという点がパターンマッチと異なります。ただ、ふるまい検知も完璧なものではなく、誤検出の可能性があり、負荷が大きく、検出できないマルウェアがあるといった課題があります。そのため、実際は前述のパターンマッチとふるまい検知の両方を併用するケースが多いです。

　パッチ管理では、オペレーティングシステムやアプリケーションのセキュリティアップデート（パッチ）を定期的に適用し、システムに内在する脆弱性を修正してセキュリティを維持します。パッチ管理を正しく実施していくためには、いくつか行うことがあります。

- インベントリ管理

- 脆弱性スキャン
- パッチ配布ツールの整備
- パッチ適用の事前検証環境の準備

　インベントリ管理では、イントラネットワーク内のデバイス、オペレーティングシステム、アプリケーション、ミドルウェアなどすべてのインベントリ（資産）を管理し、それらが最新のセキュリティアップデートを受け取っているか確認します。インベントリ管理を行うことで、会社が所有する資産が可視化され、攻撃を受ける可能性がある面がどれだけ存在するのか、そしてそれぞれの端末がどのような状態にあるのかが理解できるようになります。

　脆弱性スキャンでは、システム内で利用しているアプリケーションやミドルウェアに脆弱性が含まれたものがないかのチェックを定期的に行い、未パッチのシステムやアプリケーションを特定します。このチェックにあたってよく利用される脆弱性情報がCVE（Common Vulnerabilities and Exposures）と呼ばれるものです。CVEは、情報セキュリティにおける脆弱性やインシデントについて固有の識別番号を付与した情報です。通常、脆弱性スキャンは、CVEに挙がっている脆弱性を含んだバージョンのアプリケーションやミドルウェアが利用されていることを検出し、報告します。たとえば、2021年12月に世界中で話題となったLog4jの脆弱性にはCVE-2021-44228という番号が振られており、各脆弱性スキャンのエージェントはCVE-2021-44228に該当するモジュールを利用しているサーバーがあれば、脆弱性スキャンの結果としてCVE-2021-44228を報告します。

　パッチ配布ツールでは、前述のインベントリ管理や脆弱性スキャンで得られた情報をもとにサーバーやクライアントの更新を行っていきます。パッチ配布ツールを利用することで、効率的にパッチを適用できるようになります。また、管理者が手動でパッチを適用する手間が軽減され、適用漏れのリスクも低減されます。加えて、適切なタイミングでパッチを適用するために、スケジューリングして実施させることもできます。通常、サーバーに対するパッチ適用は、システムのダウンタイムを最小限に抑えるために非稼働時間に実施します。クライアントに対しては任意のタイミングで実

施するように促します。

　サーバーによっては、重要なシステムやアプリケーションが動作しており、パッチ適用による影響が懸念されることがあります。そのような場合には、テスト環境で動作確認を行い、予期せぬ問題が発生しないか事前に確認します。このような事前検証用の環境は、外部公開している一般的なサービスであれば検証環境としてあらかじめ用意されていることが多いですが、社内向けシステムの場合は、検証環境を持っていないケースもよく聞きます。外部向けのサービスのほうが社内向けのサービスに比べて優先度が高いことは理解できますが、社内システムでも止まると業務に大きな影響が出るものもあります。当然ですが、そのような業務への影響が大きい重要なシステムに関しては、社内システムであったとしても検証環境を準備することをおすすめします。また、サーバー側は特に、パッチをあてることで、動いているアプリケーションが動作しなくなることを懸念して塩漬け対応（パッチをあてずにネットワーク的に切り離すことで対応すること）を行っていることも少なくありません。もちろんですが、今後ゼロトラストを目指していく場合、ネットワークから切り離された状況というのはありえませんので、アプリケーションが動かなくなることを懸念してパッチをあてることから逃げることはできません。逆に、アプリケーションが動かなくなったとしてもできるだけ早く復旧できる方法を検討していく必要があります。

　また、エンドポイントの保護で考えなければならない課題の1つに物理的な窃盗があります。物理的にパソコンを盗まれた場合、起動しようとすると通常、ID／パスワードの入力が求められるのでそのまま利用することはできません。ただし、物理的な窃盗だと、パソコンを分解して中にあるストレージデバイス（HDDやSSD）を取り出し、ほかのパソコンに取り付けることで、保存されたデータを読み出すといったことが可能になります。この物理的な窃盗に対する対策がデータの暗号化です。可能であればストレージを丸ごと暗号化してしまう方法が一番よいですが、古いPCでそのような対策が難しい場合には、ファイル単位での暗号化などを考えます。クラウド環境の場合、ストレージ暗号化をオプションで選べるケースもあるので、そのような選択肢も必要に応じて検討します。

　デバイス制御としては、USBデバイスや外付けハードディスクなどのリムーバブルデバイスの使用を制限し、データの漏えいやマルウェア感染のリスクを低減することを検討します。クライアント端末では最近厳しく取り締まられるようになった気がしますが、サーバー端末でも制御は必要です。サーバー端末の場合、保守作業でどうしてもデータのやりとりが発生するため、USBなどの外付けデバイスを利用するケースがでてきます。このような場合、生体認証付きのUSBや外付けハードディスクを使うようにし、指定されたデバイス以外が差し込まれた場合にアラートが発されるようにします。また、この運用で問題になりがちなのが、USBなどの外付けリムーバブルメディアに保存されたデータの消し忘れです。利用し終わったら必ず全データを消去するといった運用ルールの設定もあわせて検討が必要です。

　リモートワイプはできればお世話になりたくないクライアント端末向けの機能ですが、もしものときにはとても助かる機能です。リモートワイプ機能を利用すると、遠隔地から指定したデバイスのデータを消去できます。これにより、デバイスが盗難や紛失にあった場合でも、データの不正利用を防ぐことができます。

　「**ログの管理および監視**」では、イントラネット内の通信やアクセスに関するログを収集して監視し、異常な動きがあった場合に対処できるようにします。また、集めたログを分析し、問題の特定や予防策の立案に役立てるといったことも行います。

　ログの管理、監視に関しては次のような観点がポイントになります。

- インジェスト（どこから、どのように集めるか）
- リテンション（どのように保管するか）
- アラート
- 定期的な監査

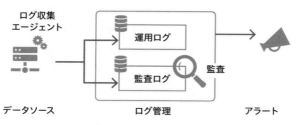

図6　運用管理で利用される2種類のログ

　まずインジェストとして考えるのは「データソース」および「収集ツール」
です。データソースとしては、サーバーやサーバー上で動いているアプリ
ケーションはもちろん、ネットワーク機器やセキュリティ保護アプライアン
スなどあらゆるシステムからログを収集します。収集する際に利用する
のが収集ツールです。ネットワーク機器やセキュリティ保護アプライアンス
であれば、Syslog Serverに転送する仕組みを持っていたりしますが、サー
バーの場合、通常は転送させるためのエージェントを導入する必要があり
ます。クライアントについてもサーバーと同様に、すべての端末からログ
を収集しますし、収集のためには収集ツールの導入が必須となります。

　サーバーにおいて収集するログには大きく2種類あります。1つは「運用
ログ」で、もう1つは「監査ログ」です。運用ログとは一般的に、サーバー
上で動作するアプリケーションなどが出力するエラーや情報のログです。
LinuxであればLog4jなどで出力する形式が多く、Windowsであればイ
ベントログに出力するケースが多いです。一方、監査ログとはシステム操
作に関するログで、たとえばLinux上でアプリケーションを再起動させた、
Windowsのサービスを停止したといったものが相当します。クラウドの場
合、仮想マシンや仮想ネットワークといったリソースの作成や削除といっ
た操作も監査ログに含まれます。

　これら2種類のログは、リテンション要件がそれぞれ異なります。運用ロ
グは1か月から数か月の保管が一般的ですが、監査ログは法的要件などから
長期間（5年や7年など）の保管が求められることが多くあります。2つのロ
グは保管期間の要件が異なるので、分けて管理することをおすすめします。

　ログが集まったあと必要となるのが、運用監視のためのアラート設定で

す。アラート設定で考慮するのは「発報の手段」と「緊急度」です。よくある発報手段には次の4種類があります。

- メール
- チャットツール
- SMS
- 電話

　メールでの連絡は最も一般的で、ほとんどの組織で利用可能な手段です。インシデントの詳細情報を含めることもできますが、受信者がメールをチェックするタイミングによっては対応が遅れる場合があります。よって、あまり緊急度が高くない一般的なセキュリティインシデントや異常検出に対して使用します。

　チャットツールも最近では一般的に利用できる手段の1つになってきました。リアルタイム性があり、チーム内での情報共有も容易で、かつ情報量をある程度含められる点が特徴です。ある程度の緊急性があるインシデントからあまり緊急性がないインシデントまで一定の対応ができます。この場合、チャットツールはチャンネルを複数作成することができるので、緊急度別に仕分けることで対応できます。ただし、ほかのメッセージの通知に埋もれることもあるため、緊急度が高いインシデントに利用する場合は、ほかの連絡手段との併用も検討します。

　SMSは、スマートフォンが普及している現在、迅速かつ効果的なアラート手段として利用できます。ある程度のリアルタイム性が求められる中程度の緊急性があるインシデント、たとえば一部のユーザーが利用できないといったインシデントやパスワードの連続不正入力などセキュリティ上の脅威に対して使うのが適しています。ただし、SMSの文面は短いため、インシデントの詳細情報を伝えることができない点に注意が必要です。

　電話は直接的かつリアルタイムなコミュニケーションが可能であるため、非常に緊急性が高いインシデントや重大なインシデントに対して使うのが適しています。以前は人が24時間体制でログを監視して、指定されたログが発生した際に架電するといったサービスが存在しましたが、最近では自

動架電の仕組みも出てきました。自動架電では、特定の条件を満たしたときに架電を始め、電話に出られなかった場合、次の人に架電するといった実装も可能です。このような実装をすることで、確実に人が対応を始められる状況を作れるようになりました。

「**アクセス制御**」では、イントラネット内のリソースに対するアクセス権限について、必要なユーザーやデバイスが必要なリソースのみにアクセスできるように設定します。このように必要最低限の権限を、必要最低限の範囲に対し、必要最小限のユーザーに付与するという考え方を「最小権限の原則」と呼びます。この最小権限の原則は、情報セキュリティにおける重要な原則の1つで、ゼロトラストにおいても引き続き重要な考え方になります。

図7　権限付与の考え方

アクセス制御に関しては「認証（Authentication）」と「認可（Authorization）」の違いも押さえておきましょう。認証は、システムにユーザーやシステムがアクセスしてきた際、その人やシステムが真に本人であることを確認する作業を指します。認可は、認証が終わったあと、本人確認ができた人やシステムに対してリソースに割り当てたアクセス権に応じてアクセスを許可することを指します。

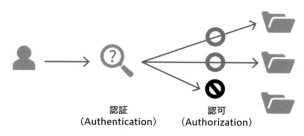

図8　認証と認可

　アクセス権限を付与する際には「ロールベースアクセス制御（RBAC）」という考え方が重要になります。ロールベースアクセス制御は、アクセス制御の方法の1つで、ユーザーが持つ役割（ロール）に基づいてアクセス権限を設定する仕組みです。各ユーザーには1つ以上のロールを割り当てることができ、そのロールに応じたアクセス権限が適用されます。たとえば、管理者、アプリケーション開発者、DB管理者、テスターなどの役割に基づいてアクセス権限を設定します。ロールベースアクセス制御の考え方を適用すると、権限をユーザーに直接付与しないので、ユーザーに適用されるアクセス権限の管理が容易になります。新しいユーザーが追加された場合や役割の変更があった場合に、ロールの割り当てを変更するだけで対応できます。

　「**セグメンテーション**」の観点では、イントラネットを複数のセグメントに分割し、異なるセキュリティレベルやアクセス制御を適用します。オンプレミス環境の場合には、VLANを利用して複数の論理的なセグメントに分割したりしますが、クラウドの場合には、仮想ネットワークやサブネットワークといった仕組みが最初から付属しているので、画面操作のみでセグメンテーションを実現できます。セグメンテーションを実現する場合、サブネットワークへの分割に加えて、分割したサブネットワーク同士の通信に対するアクセス制御（ポート制限）も行うことが大切です。

　「**バックアップ**」は、データの損失や破損、サイバー攻撃による影響を最小限に抑えるために必要となります。

　バックアップを実施するときは、バックアップのベストプラクティスともいえる「3-2-1ルール」を参考にバックアップ方法を検討します。3-2-1ルールとは、「データはコピーして3つ保持」し、「2種類の異なるメディアでバックアップ」し、「1つを遠隔地保管」するという考え方です。ただし、この考え方に従ってバックアップを設計しても昨今流行しているランサムウェアには対処できないケースがあります。ランサムウェアに対処するためには、3-2-1ルールに加えて、バックアップの論理削除（いきなりバックアップデータを完全に消去するのではなく、論理削除期間を経てから完全

に削除するような仕組み) や不変性 (一定期間、どのような操作をしてもバックアップデータを消せないような性質) といった追加のセキュリティ要素を検討していく必要があります。こうした追加のセキュリティ機能はクラウド上のストレージに多く追加されてきているので、重要な情報のバックアップ先の1つとして検討するのもよいかと思います。

　バックアップ方法が決まれば、あとは定期的にバックアップを実行するスケジュールを設定します。定期的なバックアップがスケジュールできれば、データの損失や破損を回復できるようになります。バックアップの頻度や保管期間は、データの重要性や変更頻度に応じて決めていきます。

　バックアップの設計、実装が終わったら、定期的にバックアップの復元テストを行います。テストを行うことで、データを正しく復元できることを確認し、本当に復元が必要となったときに備えて作業者の習熟度を上げておきます。これにより、緊急時に迅速かつ確実にデータを回復できるようになります。バックアップの復元テストは忘れ去られがちですが、実施していないと、実は復元のために必要なデータが足りていないなどの問題が本番で発覚するなど悲惨なことになりかねません。バックアップを計画する際は必ずテストの実施も計画に織り込むようにします。

　「ユーザー教育」 では、定期的なセキュリティ教育やトレーニングを実施し、従業員のセキュリティ意識を向上させます。悪意のあるユーザーは特定の会社や組織を狙った標的型攻撃を仕掛けてきます。こうした状況に対処するためには、従業員自身がセキュリティに関する基本的な知識とスキルを持つことが重要です。e-learningや外部研修のような座学だけでなく、企業によっては標的型攻撃対策のトレーニングを行っているケースもあります。このトレーニングでは、従業員に対してフィッシングに似せた訓練メールを配信し、標的型攻撃であることに気づけなかった従業員に対して攻撃を見分けられるように指導を行います。

Section

1-3 ゼロトラストの必要性

　従来の境界型セキュリティでは、組織内部のネットワークを信頼できる
ものとし、外部からの攻撃に対して防御を行っていました。しかし、この
アプローチにはいくつかの問題があります。具体的な問題点を見ながら、
ゼロトラストセキュリティの必要性について考えていきます。

1-3-1　攻撃の高度化／巧妙化

　従来の境界型セキュリティでは、WAF、IDS／IPS、ファイアウォール
などを用い、ネットワークの境界において外部からの侵入を防ぐことに主
眼が置かれていました。しかし、サイバー攻撃の高度化や巧妙化によって、
従来の手法では対応しきれない攻撃が増えてきています。そうした対処し
きれない攻撃手法には主に次のようなものがあります。

- 標的型攻撃
- APT (Advanced Persistent Threat) 攻撃
- ゼロデイ攻撃
- ランサムウェア
- フィッシング
- ソーシャルエンジニアリング

　標的型攻撃は、特定の組織や個人を狙って行われる攻撃で、従来の無差
別型攻撃とは異なり、より緻密な計画と手口が用いられます。標的型攻撃
を実施する攻撃者の行動パターンは「サイバーキルチェーン」というモデル
に整理されています。サイバーキルチェーンでは、攻撃者の行動を次の7ス
テップに整理しています。

図9　サイバーキルチェーンにおける攻撃者行動7ステップ

1. **偵察**：攻撃者は、ターゲットとなる組織や個人に関する情報を収集します。これには、公開情報やソーシャルメディア、非公開情報などが含まれます。攻撃者は、攻撃の成功確率を高めるため、こうした詳細なプロファイリングを事前に行います。加えて、収集された情報をもとに、ターゲットのシステムやネットワークの脆弱性を特定します。脆弱性は、ソフトウェアのバグや設定ミス、人間の心理的弱点などさまざまなものがあります。

2. **武器化**：偵察で得られた情報をもとに、脆弱性を突くための攻撃ツールを選定・開発します。これには、マルウェア（ウィルス、トロイの木馬、ワーム、ランサムウェアなど）、エクスプロイトコード（セキュリティ上の脆弱性を攻撃するために作成されるプログラムの総称）、フィッシングメールなどさまざまな形態が含まれます。こうした武器を調達する際、自作することももちろんありますが、昨今ではオープンソースとして公開されたツールを利用したり、ダークウェブで取引したりといったこともあります。現在は以前よりも高度なツールが簡単に手に入る状況になっています。

3. **配送**：配送手段にもいくつかの方法があります。一般的にイメージしやすいのが、添付ファイルやリンクを含むフィッシングメールを送信する方法です。スピアフィッシングと呼ばれる、特定の個人や組織を狙ったフィッシング攻撃を行うこともあります。メールに似た手法で、ソーシャルメディアやインスタントメッセージングアプリを利用することも最近では増えてきました。ほかにも、水飲み場攻撃と呼ばれる手法では、標的が頻繁に訪れると思われるウェブサイトを狙ってウェブサイトにマルウェアやエクスプロイトコードをあらかじめ仕掛けるといったことも行われます。

4. **攻撃**：前述の配送で準備した場所に標的を誘導し、あらかじめ準備した攻撃ツールの実行を促します。この攻撃フェーズで狙われるのがシステムやネットワークに存在する脆弱性です。脆弱性が残っていて攻撃が成功すれば、攻撃者は内部への侵入が可能となり、システム内で

さまざまな操作が行えるようになります。

5. **インストール**：続いて攻撃者は、侵入したシステムにマルウェアやバックドアをインストールします。これにより、システム内への持続的なアクセスが可能になります。攻撃者は、最終的な目標達成に向けてすぐに次の行動に移る場合もあれば、一定期間潜伏することもあります。

6. **遠隔操作**：攻撃者は、インストールされたマルウェアやバックドアを通じて、標的のシステムを遠隔操作します。これにより、攻撃者はシステムに対する操作や監視ができます。

7. **目的達成**：攻撃者は、最終的な目的（例：データの窃取、システムの破壊、ランサムウェアの実行など）を達成するために標的のシステムでさまざまな操作を実行します。一般的に攻撃者は、この目標達成の行動の中でシステム上の証拠を隠蔽するために、ログの削除や改ざん、不正な操作を隠すための偽装などを行うことがあります。

　APT攻撃は、標的型攻撃の中でも「高度」で「持続的」な脅威を指します。APT攻撃者は、標的を入念に調べ、その特徴である「高度」な技術を用いた攻撃を行います。その攻撃は、最新のセキュリティ対策も突破できる能力を有しているともいわれます。そうした強力な攻撃手法の1つに、ダークウェブで手に入れたよく使われるOSやアプリに関する未知の脆弱性（未公開の脆弱性）の情報を利用した攻撃（ゼロデイ攻撃）があります。また、標的に合わせ、特定のドメインやサーバー名でしか動作しないようにカスタマイズした攻撃ツールを用いることで、一般的なマルウェア対策のツールなどで検知されにくくしたりします。

　APT攻撃のもう1つの特徴である「持続性」は、長期間にわたって標的に対する攻撃を続けるというものです。長期間持続的に攻撃できる状態を保つため、攻撃者はバックドアを配置することはもちろん、ログの削除など形跡を消すことも行います。

　ゼロデイ攻撃とは、未知の脆弱性（ゼロデイ脆弱性）を利用したサイバー攻撃を指します。この脆弱性は、ソフトウェア開発者やベンダーがまだ認識していない、または認識していても修正が間に合っておらず、情報として公開できていない脆弱性をいいます。ゼロデイ脆弱性は対策が講じられ

ていないため、攻撃者にとっては非常に効果的な手段となります。

　ランサムウェアは悪意のあるソフトウェア（マルウェア）の一種で、感染したコンピュータやネットワーク上の操作をロックしたりデータを暗号化したりし、そのロックの解除や復号のために身代金を要求するものを指します。攻撃者は、被害者が高額な身代金を支払うことを条件に、ロックや暗号化を解除するキーを提供することが一般的です。

　ただ、こうした身代金は一般的には払ってはいけません。もし、支払いをしたとしても、攻撃者が本当にロックや暗号化を解除するためのキーやツールを提供するかどうかはわかりません。また、解除するためのキーやツールが提供されたとしても正しく動作するかはわかりません。これは、攻撃者が標的に対して専用のランサムウェアを自作しているケースだと特に、攻撃者がコストのかかる復元テストまで実施しているかどうかわからないからです。加えて、身代金を払ってしまった場合、攻撃者が今後も組織を攻撃する動機付けになってしまうといったこともあります。こうした理由から、身代金は払わず、自衛のために用意していた手段によって復旧させることが最も適切な対処になります。

　ランサムウェアに対する一般的な対処は、攻撃を受ける前のバックアップを使って復元を行うことです。過去の事例ではバックアップも含めて暗号化され、復旧できずに決算報告が遅れるといった事件もありました。単純にバックアップをとっておけば問題がないわけではなく、バックアップ先の機能として更新や削除ができない不変ストレージを有効化しておく必要があります。

　ソーシャルエンジニアリングとは、技術的な手段を用いるのではなく、人間の心理や感情の隙を利用して情報を盗んだり権限を悪用したりするサイバー攻撃の手法を指します。人の後ろから肩越しに画面やキーボードを覗き見るショルダーハックはソーシャルエンジニアリングの１つです。人がシステムにログインしようとしているときに後ろから肩越しに秘匿情報（ID／パスワードなど）を読み取ったり、人が作業している後ろから覗き込んで作業中の秘匿情報を盗み取ったりといった手法が具体的な例になります。ほ

かにも、ゴミ箱に捨てられた紙のドキュメントから機密情報を盗み取るといった方法もソーシャルエンジニアリングに含まれます。

　このように攻撃が多様化する状況において、従来の境界型セキュリティのみで攻撃を防ぎきることは難しくなっています。ゼロトラストセキュリティでは侵入されることを前提とするため、たとえ侵入されたとしても、不審な動きを検知できるようにしたり、侵害される場所を制限したりするといった考え方になります。たとえ侵入されて攻撃されたとしても、影響を最小限にとどめられるようにしていく対応が今は求められています。

1-3-2　内部脅威への対応不足

　従来の境界型セキュリティでは、企業ネットワークの外側からの攻撃に対する防御に注力し、内部の従業員やパートナーなどによる犯行をあまり想定していなかったことから、内部脅威に対する防御策が十分とはいえない状況でした。たとえば、内部脅威としては次のようなものがあります。

- 悪意のある従業員
- 従業員の誤った行動
- 悪意のあるパートナーやベンダー

　悪意のある従業員は、会社が保持する機密情報の持ち出しやデータの改ざん、退職後の不正アクセスなどを行うことで、自分の利益を得ようとします。典型的な例としては、営業で利用した顧客情報や研究開発で得た情報の持ち出し、ニュースになった事例では通信基地局の情報の持ち出しなどもありました。ほかにも、会社の機密情報が保持されたメディア（紙含む）は本来正しく廃棄されるべきですが、そうしたメディアをフリーマーケットで転売して利益を得ようとし、データが破棄されないまま情報を流出させてしまった事件もありました。

　悪意がなかったとしても、メールの誤送信によって機密情報が流出した

り、誤った共有範囲の設定で意図しない情報漏えいが起こるといったケースも非常によく聞く問題です。誤送信の例としては、ドッペルゲンガードメイン（正規のドメインに非常によく似たタイプミスを狙ったドメイン。例：gmail.com→gmai.com）に個人情報を含む情報を送信してしまった事件や、送付したExcelの非表示シートに顧客情報が含まれていて取引先からの信頼を失ったといった事例があります。

　事例を挙げるときりがありませんが、大切なのはこうした内部の脅威にも対処するということであり、ゼロトラストセキュリティで対処する要件の1つになります。

　内部の脅威への対応が不十分な場合、自社従業員のケースと同様に、悪意のあるパートナーやベンダーから機密情報の盗難や情報の改ざんといった被害を受けることもあります。また、パートナーやベンダーの場合、システムの開発だけでなく保守運用も委託しているケースが多いかと思います。何かのきっかけで関係が険悪になった際、いくら険悪でも本来は自社社員または次のベンダーに保守運用の引き継ぎを行う必要があります。にもかかわらず、本来の所有者である自社社員を締め出してトラブルに発展するといったケースもあります。

　個人情報や企業データの漏えいが社会的な問題となる現代において、データ保護の重要性はますます高まっています。規制や法律により、企業は顧客のデータを適切に保護することが求められており、違反すると厳しい罰則が科せられることもあります。

　このような、情報に対するアクセス制御や情報漏えいの問題が発生する原因の1つに、これまでの境界型セキュリティの考え方があります。これまでの境界型セキュリティは、社内のユーザー（正社員や契約済みのパートナー社員）を信頼することを前提としています。そのため、正規の社員に悪意のある人がまぎれていて退職や離脱するタイミングでプロジェクトの資料や顧客情報を持ち出すようなケースには対応できないことがあります。

　こうした問題に対処するため、ゼロトラストセキュリティでは、境界を取り払うと同時に、データレベルで内容を識別し、アクセスを厳格に制御

して、情報漏えいのリスクを低減することを目指します。こうしたゼロト
ラストセキュリティの活動により、副次的に法律や規制の遵守を促進し、
企業の信用や評判を保護できるようになります。

1-3-3　リモートワークの増加

　2019年に新型コロナウィルス（COVID-19）が猛威をふるい始め、2020
年頃から在宅ワークが一気に加速しました。2020年以前からリモートワー
クの環境を準備し始めていた企業はまだしも、このタイミングでリモート
ワークの環境をゼロから初めて構築して苦労した企業も多かったのではな
いかと思います。実際、翌年の2021年に発表された2020年に社会的な影
響が大きかった情報セキュリティ10大脅威に「テレワーク等のニューノー
マルな働き方を狙った攻撃」というものが浮上してきています*1。

表1　2020年に社会的な影響が大きかった情報セキュリティ10大脅威

順位	個人	組織
1位	スマホ決済の不正利用	ランサムウェアによる被害
2位	フィッシングによる個人情報等の詐取	標的型攻撃による機密情報の窃取
3位	ネット上の誹謗・中傷・デマ	テレワーク等のニューノーマルな働き方を狙った攻撃
4位	メールやSMS等を使った脅迫・詐欺の手口による金銭要求	サプライチェーンの弱点を悪用した攻撃
5位	クレジットカード情報の不正利用	ビジネスメール詐欺による金銭被害
6位	インターネットバンキングの不正利用	内部不正による情報漏えい
7位	インターネット上のサービスからの個人情報の窃取	予期せぬIT基盤の障害に伴う業務停止
8位	偽警告によるインターネット詐欺	インターネット上のサービスへの不正ログイン
9位	不正アプリによるスマートフォン利用者への被害	不注意による情報漏えい等の被害
10位	インターネット上のサービスへの不正ログイン	脆弱性対策情報の公開に伴う悪用増加

　こうしたリモートワーク環境の整備においては、次のようなセキュリティ
上の課題がありました。

*1　IPA「情報セキュリティ10大脅威 2021」
　　https://www.ipa.go.jp/security/10threats/2021/2021.html

- 増加する端末の管理
- セキュリティリスクの増大
- 通信のセキュリティ
- 不十分なアクセス制御

　リモートワークを実施しようとすると、会社の情報資源に接続するための端末が必要になります。もともとノートPCが支給されているようなケースであれば、端末については特に問題がなかったと思いますが、デスクトップPCしか配布していなかった場合には、新たにノートPCを調達したり、VDIのようなソリューションを用意してBYOD (Bring Your Own Device) を許したりといったことを検討し、あわせてMFA用にスマートフォンの調達も検討することになります。このように急激に増加した端末を会社としてすべて管理するのは困難です。デバイス自体のセキュリティと、それを通じてアクセスされる企業データのセキュリティの両方について検討することが重要です。

　こうしたリモートワークの普及の中、よく見かけるようになったのが、自宅近くのカフェで働く人たちです。中には朝からノートPC用のスタンドを含めてカフェに持ち込んで働いている方も見かけました。カフェは一例ですが、カフェ以外にもシェアオフィスや空港といった公共の場で働く場合、企業ネットワーク以外のネットワークを使うこともあるかと思います。こうした公共の場で働く場合、気にしたいセキュリティ上のポイントが2点あります。1つはソーシャルエンジニアリングで、もう1つは利用するネットワークです。ソーシャルエンジニアリングは、システム的な攻撃ではなく、人の行動の隙を突くような攻撃手法で、たとえば作業中の画面を後ろから覗き込むといったものがあります。公共の場ではどのような人に画面を覗き込まれるかわかりません。覗き見防止のフィルムを張るのはもちろん、壁際に座って覗き込まれにくくするなどの対策が必要です。また、もう1つのネットワークの観点では、こうした公共の場で提供されるFree Wi-Fiを使うと、会社の資産に到達するまでの経路上に何が設定されているかわかりません。場合によっては情報搾取のために、それらしい名前のFree Wi-Fiが設置されている懸念もあります。こうした会社外のネットワークを

利用すると、データの漏えいやサイバー攻撃のリスクが高まります。また
このとき、従業員の個人デバイスのセキュリティが弱いと標的型攻撃やマ
ルウェア感染のリスクも増えてしまいます。

　リモートワークを実現しようとすると、既存のファイルサーバーのまま
では情報共有ができず、何かしら別の方法を検討した会社も多いのではな
いかと思います。取り急ぎでファイル共有の仕組みを用意すると、どうし
ても権限管理が杜撰になりがちです。結果、従業員が持つアクセス権限が
過剰であったり、認証が甘かったりすることにより、情報漏えいのリスク
が高まります。

　ゼロトラストセキュリティを実践すると、ネットワーク境界を取り払っ
たうえでどのようにセキュリティを担保するかを考えることになります。
このようなセキュリティ施策を実現したときには、社内システムや会社内
の情報に対するアクセスについて、アクセス元を選ばなくてよくなります。
つまり、働く場所を選ばず、どこからでも同じように社内システムや社内
データにアクセスできる環境が手に入ることになります。昨今バズワード
のように「DX (Digital Transformation)」が叫ばれていますが、ゼロトラ
ストセキュリティの実践は働き方を変革するための具体的な実装だともい
えます。

1-3-4　デバイスの多様化

　新型コロナウィルス (COVID-19) のパンデミックが発生する以前から、
デバイスの多様化は起こっていました。会社の支給によるiPhoneやiPad
の活用はもちろん、エンジニアによってはMacBookを支給されているよ
うなケースもありました。ほかにも、飲食店の注文パネルがiPadに変化し
たり、レジがiPadに変わったりもしました。加えて、リモートワークが普
及した現在では、デスクトップPC以外に、ノートPC、スマートフォン、
タブレット端末など端末の種類が増えて、かつその端末それぞれのOSも異
なるような状況になってきました。このように複雑化したデバイスに関し
ては次のような問題があります。

- インベントリ
- 運用管理

　異なる種類のデバイスやOSが増えることは、そのまま脆弱性の種類が増えることを意味します。つまり、社員が利用するそれぞれのデバイスのセキュリティ状況を1つずつ把握するということが困難になります。種類が増えれば、組み合わせは指数関数的に増加しますし、それらの脆弱性情報を収集するだけでもかなり苦労しますが、各社員が使っているデバイスそれぞれに対して脆弱性の状況を確認するということが困難を極めます。また、異なるOSやアプリケーションの脆弱性管理やパッチ適用も運用負荷を増大させます。なかなか更新してくれない社員やその上長に対して個別に連絡したり、場合によっては使っていないデバイスを回収したりといった運用負荷が増えていきます。また、デバイスが多様化することで、デバイスの設定、更新、サポートも複雑化し、問い合わせ対応といった運用や、デバイスの故障や紛失に対する対応も増えていきます。

　利用されるデバイスが増えると、会社のデータへのアクセスポイントが増えるので、データ漏えいや不正アクセスのリスクが高まります。そのため、各デバイスに対するデータ保護策が必要となりますが、デバイスの種類が多いと、前述のとおり管理自体が複雑になるため、簡単に対処はできません。

　これまでの境界型セキュリティ時代の管理方法では、インベントリ管理（端末管理）とパッチ適用が主な運用作業だったかと思います。こうした管理自体がゼロトラストセキュリティに移行することでなくなるわけではありませんが、ゼロトラストセキュリティに移行すると、端末セキュリティの重要性は以前よりも増してきます。その結果、端末の管理方法はオンプレミス環境にとどまらず、対象も問わず、あらゆる端末を管理対象とします。また、登録がなければ社内情報へのアクセスを許可しないのはもちろん、パッチの適用状況の管理や利用アプリの制御／制限、場合によっては操作に対する制限なども行われるようになります。これまでよりも管理対象の幅を広げることでユーザーにとっての柔軟性や利便性を確保しながらも、より高度なセキュリティ対策を行っていくことになります。

1-3-5　クラウド活用

　昨今は、社外向けのシステムだけでなく社内システムでもクラウドの活用が以前よりかなり進んできました。昨今のクラウド（AWS、Azure、GCPなど）やSaaS（Slack、Box、Zoom、Jira、Backlogなど）はかなり便利ですが、こうしたクラウドやSaaSの活用が進むと、会社のネットワークが広がり、新たに考えるべきセキュリティリスクも出てきます。クラウドの活用により新たに出てくる問題には次のようなものがあります。

- ネットワークセキュリティ
- エンドポイントセキュリティ（クライアント側）
- クラウドセキュリティ（サーバー側）
- ログ可視化と監査

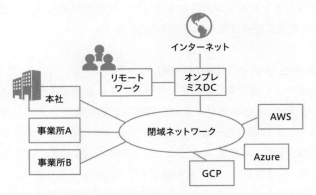

図10　企業ネットワークの全体像

● ネットワークセキュリティ

　社内インフラがクラウドに延伸する状況（社内システムが自社のデータセンターだけでなくクラウド環境にも配置されるような状況。いわゆるハイブリッドクラウドの状況）になると、これまではオンプレミス環境だけだったデータの格納先が、さまざまな環境に分散することになります。そうしたデータに対するアクセスが必要になるので、当然、アクセスポイントも増えることになり、攻撃を受ける可能性のある出入口が増えることになり

ます。さらに、社内システムを含めた会社のネットワークの広がりは際限がありません。クラウド事業者に対して1つの接続しかないかというと、そうとも限らないからです。クラウドは簡単に利用を始められるので、各事業部が好きなように活用し始められますし、実際そのようなことが現場では起こっています。こうしてクラウド環境が増えていくと、会社としてのネットワーク境界があいまいになっていきます。その結果、従来の境界型セキュリティモデルを継続することが困難になります。

⬡ エンドポイントセキュリティ（クライアント側）

　リモートワークが増えてくると、従業員が自宅や外出先からアクセスすることが増えてきます。そのため、エンドポイントセキュリティが重要になってきます。また、デバイスの多様化でご紹介したとおり、エンドポイント端末の種類がかなり増えました。ゼロトラストセキュリティモデルでは、こうした状況のエンドポイントのセキュリティ状態をリアルタイムで監視し、アクセス制御に反映させることが求められます。

⬡ クラウドセキュリティ（サーバー側）

　クラウドの利用でよく遭遇する問題に、クラウド上に展開するサービスのネットワーク設定やSaaSのアクセス権の設定などの設定ミスがあります。GitHubにDBへの接続情報を公開してしまっていた、Salesforceの設定ミスで顧客情報が流出したなど、設定ミスによる情報漏えいのニュースは頻繁に聞きます。クラウドサービスを利用する際のセキュリティポリシーなど、設定が正しく行われているかを定期的に確認する必要があります。このためには、クラウドサービスが提供するポリシーチェックの仕組みを利用したり、サービスプロバイダーと連携して情報を集めたりして、セキュリティ監査を行うことが重要です。

　クラウド上のサーバーで動作させるアプリケーションのセキュリティも考慮する必要があります。こうしたサーバーで動作させるアプリケーションは多くのミドルウェアを利用しています。そのミドルウェア一つ一つについて脆弱性が見つかっていないかを常に確認する必要があるわけですが、継続的に情報を収集して確認し続けるというのはなかなか難しく大変な作

業です。こうした状況でセキュリティを確保していくには、脆弱性検査の
ようなソリューションを導入するか、CI/CDのような自動化ツールを導入
してそれにセキュリティツールを統合するといったことが求められます。
これらにより、迅速かつ効果的なセキュリティ対策が可能となります。

● ログ可視化と監査

　これまでの境界型セキュリティモデルの考え方のままクラウド環境の利
用が進んでいくと、通常、ログはそれぞれのクラウドもしくはオンプレミ
ス環境で集約されるため、結果としてログデータが各所に分散してしまい、
一元的な管理になりません。この影響として、インシデント対応で調査す
る際に苦労することになります。

　利用する環境がオンプレミスに加えてクラウド、それも複数のクラウド
環境となると、利用するサービスやシステム、ネットワークが増え、それ
ぞれがログを出力するのでログデータも増大することになります。こうし
て集められた大量のログデータを効率的に分析し、セキュリティインシデ
ントやパフォーマンスの問題を迅速に処理しようとしても、手間と時間が
かかる状況になります。

　さまざまな環境から大量に集まるログの中には機密情報や個人情報が含
まれていることがあります。このようなケースを考慮すると、ログデータ
の取得や管理に関して、適切なアクセス制御を設定し、ログデータへの不
正アクセスを防ぐことが重要です。また、プライバシーに関する法令や規
制を遵守するため、ログデータの匿名化や削除についても考慮する必要が
あります。

　ゼロトラストセキュリティでは、こうしたログの分散や個人情報の混入
についても独立した管理／監視の仕組みを導入することで対処していきま
す。これまで何もなければ実感は薄いかもしれませんが、ゼロトラストセ
キュリティを実践することで、いざ問題が発生したときに調査が終わらな
いような事態に陥らないといった恩恵を得られることになります。

1-3-6　事業のグローバル化

　事業のグローバル化を検討している会社も増えてきました。会社によっては海外に支社を作ったり、場合によっては海外企業を買収したりといったケースもめずらしくありません。こうした国をまたいだ事業展開をしていこうとしたとき、クラウドの活用で取り上げた問題に加え、次のような問題があります。

- 環境の分散
- 法的要件の違い

⬢ 環境の分散

　事業が国をまたいで展開される場合、支社が各国にできます。これまでの境界型セキュリティモデルの考え方を踏襲すると、どうしても本社の国に集約したくなります。しかし実際は、レイテンシーやオンプレミス環境のインフラスケールアウトの限界の問題から、各国に独立した環境を構築し、必要な情報だけ共有できるような環境を検討し、構築する必要があります。

　分散した拠点間でデータや情報をやりとりする場合、ネットワークセキュリティが重要となります。グローバルでのデータのやりとりにインターネット経由での通信を選択した場合、データの漏えいやサイバー攻撃のリスクが高まることになります。

　また、各拠点に異なるITインフラストラクチャが存在する場合、セキュリティ対策の一貫性が欠けていることがあります。これにより、セキュリティホールや脆弱性が生じる可能性があります。

⬢ 法的要件の違い

　各国が制定する法的要件には違いがあります。有名なものだと欧州のGDPR（一般データ保護規制）がありますし、日本の場合は個人情報保護法があります。システムを構築する際には、こうした各国の法規制に準拠したシステムの構築およびデータの取り扱いを行うことが求められます。

国をまたいだ多拠点で開発をしているようなケースだと、データの輸出入に関する法規制を考慮する必要があります。最近では簡単に海外の人とメールやチャット、テレビ会議ができる状況にあるため、あまり考えたことのない方も多いかと思いますが、国をまたいでやりとりされる「技術情報」は一般的な物品の輸出入と同じく規制対象になるケースがあります。たとえば日本の場合だと、コンピュータや通信関連の技術情報を国外の人に渡そうとすると規制対象となるため、あらかじめ経済産業大臣の許可が必要になります。ほかの例だと、中国ではデータの輸出に関する規制が厳しいため、企業はこれらの制限を考慮したシステムの設計や、国から承認を得たローカル企業との提携を行う必要があります。

インシデント対応について考えると、各国の法規に沿った対応ができるように国別のインシデント対応計画を策定することが必要になります。これには、各国の通報要件や対応手順に関する情報を含める必要があるからです。また、状況によっては、クロスボーダー調査への対応も考慮することが必要になります。異なる国の法律に関わる調査に対応するためには、適切な法的アドバイスができ、国際調査手続きに精通した専門家と連携することが求められます。

これまでの境界型セキュリティの考え方だと、グローバル展開をしたとしてもネットワークだけは世界中と閉域接続しているような環境になってしまいます。たとえば、日本に本社があって米国に支社があった場合、日本のファイルサーバーに米国から毎回閉域接続でつないでくるような環境です。いくらネットワーク通信が速かったとしてもグローバルレベルで閉域接続をするとその遅延は馬鹿にできません。ゼロトラストセキュリティの考え方に切り替えれば、各国で独立してデータを保持できますし、各国でセキュリティについての対策を打てることになります。ゼロトラストセキュリティを実践すると、普段の業務における遅延の解消が見込めるだけでなく、各国の法的要件にも対応できるというメリットが得られます。

1-4 ゼロトラストの歴史

　ゼロトラストセキュリティの概念がいつ生み出され、どのような変遷を経て世間に認知され、実装が進んでいったのか、その歴史について触れていきます。

1-4-1 最初のゼロトラスト

　2010年、Forester Research（フォレスター・リサーチ）社に勤めていたJohn Kindervag（ジョン・キンダーバーグ）氏によって、ゼロトラストセキュリティの初期概念が提唱されました[*2]。彼は当時のレポートの中で、デフォルトで信頼しないというアプローチをとることで、従来のセキュリティ対策の問題を克服できると述べています。

　2010年時点ですでに脅威の様相は変わってきており、境界型セキュリティ（Perimeter Security）には限界が来ていました。脅威の主な変化は2点で、1つは「内部の脅威」、もう1つは「標的型攻撃」でした。脅威は外部に存在するのではなく、内部にいつの間にか侵入してきており、通常のユーザーであるかのようにふるまいます。加えて当時から、特定の企業組織を狙う標的型攻撃が増えている状況にありました。

　このような状況を許してしまった境界型セキュリティに対する過信／勘違いとして、次のような課題をJohn Kindervag氏は取り上げています。

- 「信頼できる」インターフェースはない
- 「信頼するが確認はする」という言葉の誤解
- 悪意のある内部関係者は信頼されている
- パケットは「信頼」できない

---

*2　John Kindervag, No More Chewy Centers: Introducing the Zero Trust Model of Information Security, September 14, 2010

●「信頼できる」インターフェースはない

　脅威が内部にも存在する時代において、インターネット側は危険で社内側は安全という考え方はできません。

●「信頼するが検証する (Trust but verify)」という言葉の誤解

　従来の境界型セキュリティモデルでは「信頼するが検証する (Trust but verify)」という考え方が基本でした。しかし、元来人間は、人を信頼することを基本としており、検証を行うことは難しいものです。そのため、結果としてセキュリティ上でも信頼を基本としてしまい、ほとんど検証が行われていないというのが実態でした。

　「Trust but verify」の語源は古く、レーガン大統領が核兵器に関する安全保障条約をソ連と締結したときに引用したことわざ「Doveryay, no proveryay (Trust, but verify)」にあります。このときの成功は、お互いへの信頼よりもお互いが検証を十分に行ったことにあるといわれています。安全保障においては信頼ではなく検証を大切にしていましたが、情報セキュリティにおいてはその逆で、信頼して検証がなおざりな状態になっていました。

● 悪意のある内部関係者は信頼されている

　2010年当時、悪意のある内部関係者による不正が米国で多発していました。こうした内部関係者は正式な社員であるため、元来「信頼」されている人物であり、相当する権限が付与された状態です。こうした内部犯に対して、信頼を前提としているネットワークでは不正が行われても検証がされません。結果として、「Trust but verify」は役に立たない考え方になっていきました。

● パケットは「信頼」できない

　ネットワーク上に流れるパケットに含まれる情報は、IPアドレスやMACアドレス、ログイン情報などです。そのパケットが誰のものであるかの判定は、パケットに含まれる情報でしかできません。しかもそのパケットに含まれる情報の文脈や記載されたIDの真実性については誰も知ることができません。本当に信頼されたID管理の仕組みを経由しているかもしれませ

んし、偽装されているかもしれません。単純なパケットの情報だけで判断することは本来難しい問題です。

　こうした課題に対するソリューションとして、最初に提案されたゼロトラストセキュリティモデルは次のキーコンセプトを含んでいました。

- 場所に関係なくすべてのリソースに安全にアクセスできるようにする
- 最小権限の原則を適用し、アクセスコントロールを厳格にする
- すべてのトラフィックを検査／記録する

🔵 場所に関係なくすべてのリソースに安全にアクセスできるようにする

　ネットワーク上の通信において信頼しないことを前提とすることで、すべてのリソースに対する安全なアクセスが可能になります。つまり、すべての通信を暗号化し、トラフィックの安全性が検査されるまで、リソースに対するアクセスを許可しないようにします。これは、データアクセスが社内からか社外からかに関わらず、同じように取り扱うことを意味します。

🔵 最小権限の原則を適用し、アクセスコントロールを厳格にする

　適切なユーザーに最小限の権限しか与えていない状況であれば、そのユーザーが悪意ある行動を起こそうとする気力を削ぐことが可能です。2010年当時からロールベースアクセス管理（RBAC）の概念は存在しており、適用する際に「最小権限の原則」を意識し、厳格なアクセスコントロールを行うことが大切になります。

🔵 すべてのトラフィックを検査／記録する

　ユーザーがリソースにアクセスするときには、自分自身のIDを主張し、権限を使ってアクセスします。会社は必要最低限のアクセスしかできないように制限しています。この状況でうまくいきそうにも思えますが、ユーザーが常に正しく行動していると信じるのではなく、正しい行動をとっているかどうか検証を行うようにします。そのためには、「Verify and never trust（決して信頼せず、必ず検証せよ）」という考えを持ち、ログの収集と可視化を行い、検証を行うことが大切になります。

1-4-2　オーロラ作戦

　2009年から2010年にかけて、オーロラ作戦（Operation Aurora）と呼ばれる大規模なサイバー攻撃事件が発生しました。

　この攻撃は、中国を拠点とするとされるハッカー集団が複数企業を対象に行った大規模な「高度標的型攻撃（APT攻撃）」でした。このハッカー集団は、国家支援を受けている可能性が指摘されており、非常に高度な技術力と持続的な攻撃能力を持っていました。彼らの目的は明確になっているわけではありませんが、各種の痕跡から、活動家の調査、知的財産の窃取、防衛関連企業のデータの改ざんなどといわれています。

　最初に本攻撃の被害報告を行ったのはGoogleで、同日にAdobe社も調査中であることを報告しています。ほかにもAkamaiやJuniper Networks、Rackspaceなどが被害報告を行っており、メディアではYahooやSymantec、Morgan Stanleyなども被害にあった旨が報道されました。オーロラ作戦の被害は合計で20社以上にのぼったといわれています。

　このオーロラ作戦では、主にInternet Explorerのゼロデイ脆弱性（CVE-2010-0249）を突いたゼロデイ攻撃が用いられました。このゼロデイ脆弱性は、細工されたWebページを閲覧した際、ローカルユーザー権限で任意のコードを実行できるというものでした。こうした脆弱性を突かれてマルウェアによる侵害を受けたシステムは、SSL接続を装ったバックドア接続をコマンド＆コントロールサーバー（C&Cサーバー。サイバー攻撃者がマルウェアに指示を出したり、抜き出した情報を受け取ったりするサーバー）に対して行います。被害マシンはその後、C&Cサーバーから指示を受けてイントラネットを調べ始め、ほかの脆弱なシステムを探したり、知的財産のソースコードを狙ったりして活動しました。

　オーロラ作戦は、サイバーセキュリティ界に衝撃を与え、企業や組織が従来の境界型セキュリティにのっとった対策を見直すきっかけとなりました。

1-4-3 BeyondCorp

　オーロラ作戦の発覚後、最初に被害報告を行ったGoogleは、セキュリティに対する抜本的な見直しを行った成果を2014年から2018年にかけて論文として発表しました[*3]。Googleではこの新しいゼロトラストネットワークを「BeyondCorp」と呼んでいたため、論文のタイトルにも「BeyondCorp」という言葉が含まれています。BeyondCorpが世の中に出てくるまで、ゼロトラストの概念はあっても、具体的な実装に言及したものはなかったため、本論文は初めて具体的な実装について触れた論文（＝Google版ゼロトラスト実装）であるといわれています。

BeyondCorp
A New Approach to Enterprise Security

RORY WARD AND BETSY BEYER

Rory Ward is a site reliability engineering manager in Google Ireland. He previously worked in Ireland at Valista, in Silicon Valley at AOL, Netscape, Kiva, and General Magic, and in Los Angeles at Retix. He has a BSc in computer applications from Dublin City University. rorward@google.com

Betsy Beyer is a technical writer specializing in virtualization software for Google SRE in NYC. She has previously provided documentation for Google Data Center and Hardware Operations teams. Before moving to New York, Betsy was a lecturer in technical writing at Stanford University. She holds degrees from Stanford and Tulane. bbeyer@google.com

Virtually every company today uses firewalls to enforce perimeter security. However, this security model is problematic because, when that perimeter is breached, an attacker has relatively easy access to a company's privileged intranet. As companies adopt mobile and cloud technologies, the perimeter is becoming increasingly difficult to enforce. Google is taking a different approach to network security. We are removing the requirement for a privileged intranet and moving our corporate applications to the Internet.

Since the early days of IT infrastructure, enterprises have used perimeter security to protect and gate access to internal resources. The perimeter security model is often compared to a medieval castle: a fortress with thick walls, surrounded by a moat, with a heavily guarded single point of entry and exit. Anything located outside the wall is considered dangerous, while anything located inside the wall is trusted. Anyone who makes it past the drawbridge has ready access to the resources of the castle.

The perimeter security model works well enough when all employees work exclusively in buildings owned by an enterprise. However, with the advent of a mobile workforce, the surge in the variety of devices used by this workforce, and the growing use of cloud-based services, additional attack vectors have emerged that are stretching the traditional paradigm to the point of redundancy. Key assumptions of this model no longer hold: The perimeter is no longer just the physical location of the enterprise, and what lies inside the perimeter is no longer a blessed and safe place to host personal computing devices and enterprise applications.

While most enterprises assume that the internal network is a safe environment in which to expose corporate applications, Google's experience has proven that this faith is misplaced. Rather, one should assume that an internal network is as fraught with danger as the public Internet and build enterprise applications based upon this assumption.

Google's BeyondCorp initiative is moving to a new model that dispenses with a privileged corporate network. Instead, access depends solely on device and user credentials, regardless of a user's network location—be it an enterprise location, a home network, or a hotel or coffee shop. All access to enterprise resources is fully authenticated, fully authorized, and fully encrypted based upon device state and user credentials. We can enforce fine-grained access to different parts of enterprise resources. As a result, all Google employees can work successfully from any network, and without the need for a traditional VPN connection into the privileged network. The user experience between local and remote access to enterprise resources is effectively identical, apart from potential differences in latency.

図11　BeyondCorpの論文

　BeyondCorpで実現したゼロトラストには、次に挙げるような特徴的な

＊3　BeyondCorp – A New Approach to Enterprise Security
　　https://static.googleusercontent.com/media/research.google.com/ja//pubs/archive/43231.pdf

実装がいくつかあります。

- デバイス／ユーザーの識別
- ネットワークから信頼を削除
- アプリケーションの外部公開
- 厳密なアクセス制御

デバイス／ユーザーの識別

すべての管理対象のデバイスは、一意に識別されるIDを付与して管理します。このとき、デバイスを一意に識別するため、デバイス証明書を利用して識別できるようにします。

ユーザーもデバイス同様に一意に識別しますが、こちらの場合は、人事プロセスと密接に結合し、外部公開されたシングルサインオン (SSO) を使って認証を行います。

ネットワークから信頼を削除

特権アクセスを必要としない機能のみが使えるネットワークを作成し、そのほかのGoogle社内ネットワークとの接続には厳密なACL（アクセス制御リスト）による管理を行います。基本的にアクセス権のある人はこの制限ネットワークに接続できますが、権限がなかったりデバイスが不適切なセキュリティ状態だったりした場合、修復ネットワークまたはゲストネットワークという異なるネットワークに動的に接続先を変更します。

アプリケーションの外部公開

従来のVPN（仮想プライベートネットワーク）やファイアウォールに代わり、すべてのユーザーとデバイスをネットワークの内外問わず同等に扱います。そうした環境を実現するため、社内システムはアクセス元が社内か社外かに関わらずすべてアクセスプロキシと呼ばれるプロキシ経由で接続するようにします。アクセスプロキシはアプリケーションごとに構成され、グローバルに到達可能で、アクセス制御の役割を担うものです。ある社内システムに接続する場合、アクセス元が社内か社外かを問わず、必ずアク

セスプロキシでアクセス制御による確認を行い、問題がなければ必要に応じてバックエンド側のアプリケーションにリクエストが転送されます。

⬤ 厳密なアクセス制御

アクセス制御は前述のアクセスプロキシで行います。ユーザーとデバイスの認証情報に基づいてアクセス制御を行います。これにより、権限のないユーザーやデバイスがネットワーク内のリソースにアクセスすることを防ぎます。また、このとき利用するデバイスについてデバイスのセキュリティステータス（パッチの適用状況やセキュリティソフトウェアの有無など）を評価し、信頼性の低いデバイスであれば、アクセスを制限します。

BeyondCorpの論文の影響は大きく、本論文によって「ゼロトラストセキュリティ」が広く世の中に認知されるようになりました。

1-4-4　リモートワークの強制

2020年頃、新型コロナウィルス（COVID-19）の感染拡大により、多くの企業が従業員に対してリモートワークを求めるようになりました。これにより、オフィスの外からのアクセスが増えましたが、実際はVPNエンドポイントの不足やセキュリティ対策が不十分な端末の利用、情報の持ち出し対策の不十分さなど、従来の境界型セキュリティにおける問題点が数多く明らかになっていきます。加えて、このような状況を狙ったサイバー攻撃が増加し、セキュリティの甘いデバイスがターゲットにされるようになりました。

これらの要因により、新型コロナウィルスのパンデミックは、ゼロトラストセキュリティの普及を促す大きなきっかけとなりました。多くの企業が、従来の境界型セキュリティからゼロトラストモデルへの移行を検討し、実装を進めるようになりました。

1-4-5　NIST SP 800-207

　2020年8月、米国国立標準技術研究所 (NIST) が「Special Publication (SP) 800-207 ゼロトラストアーキテクチャ」を公開しました。

　この文書は、ゼロトラストアーキテクチャ (Zero Trust Architecture、ZTA) に関するガイダンスを提供し、企業や組織がゼロトラストセキュリティを実装する際の指針を示しています。ゼロトラストは概念であり、抽象度が高いのですが、本資料ではゼロトラストを設計／実装する際に考慮すべきポイントについて整理しています。NIST SP 800-207は、ゼロトラストアーキテクチャの基本原則や実装方法、技術要件を詳細に説明しており、企業や組織がゼロトラストセキュリティを適切に導入するにあたって非常に役に立つ資料となっています。

ゼロトラストの基礎

2-1 NISTの概要

　米国で科学技術などの研究を行っている研究所、NIST。この組織が公開する情報はセキュリティに関するものも多く、実装していく際の参考になります。本節では、NISTがどのような組織なのかについて紹介します。

2-1-1 NISTとは

　NISTとは、National Institute of Standards and Technology（アメリカ国立標準技術研究所）の略称で、1901年に設立され、現在は米国商務省の一部門となっています。NISTは、米国で最も古い物理科学研究所の1つで、科学技術の分野の標準や計測に関する技術開発（たとえば、長さ、時間、質量、温度、気圧、エネルギーなどのSI単位や、香り、pH、燃焼性などの素材といったさまざまな標準の作成）、およびそれらを維持するための組織として活動しています。NISTの使命は、こうした標準や計測の開発を通じて、技術基盤の向上とイノベーションを促進し、米国の産業界の競争力を向上させるというものです。

　NISTの組織は、6つの研究所で構成されています。この研究所のうち、情報技術研究所（ITL）には6つの部門があり、その中のコンピュータセキュリティ部と応用サイバーセキュリティ部がセキュリティ関係の研究開発を行っています。

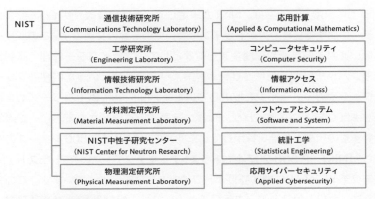

図1　NISTの組織構成

2-1-2　NISTの活動

　NISTは、さまざまな技術分野において標準の開発と研究を行っており、活動対象には、物理学、材料科学、計測技術、通信技術、情報技術、サイバーセキュリティなどが含まれています。

　NISTは、国際的にも強い影響力を持つ組織であり、その標準やガイドラインは世界中の企業や政府機関に参照・採用されています。NISTが提供する技術ガイダンスは、その分野におけるベストプラクティスとして広く認識されており、多くの国がそれらの標準やガイドラインをもとに独自の政策や規制を策定しています。また、NISTは、国際標準化機構 (ISO) などとも連携し、国際標準の開発にも貢献しています。

2-1-3　NISTとサイバーセキュリティ

　前述のとおり、NISTはさまざまな分野で研究開発を行っており、その1つにサイバーセキュリティがあります。中でも、「**NISTサイバーセキュリティフレームワーク(CSF)**」は、組織がサイバーセキュリティリスクを管理し、情報システムの保護を強化するためのベストプラクティスを提供するもので、国際的にも広く認知、採用されているものの1つです。

　そして、もう1つ押さえておきたい文書が「NIST SP 800シリーズ」です。

NIST SP 800シリーズは、NISTが策定している情報技術やサイバーセキュリティに関する標準やガイドラインについての一連の文書です。このシリーズは、連邦政府機関や民間企業を対象として、プライバシー管理、脆弱性管理／パッチ管理、セキュリティ対策、リスク管理といった内容のフレームワークやガイドラインを提供しています。NIST SP 800シリーズも、情報セキュリティやプライバシー保護の分野で広く認知されており、国際的にも多くの組織が参照・採用しています。このNIST SP 800シリーズの中でも、「**NIST SP 800-207 ゼロトラストアーキテクチャ**」はゼロトラストアーキテクチャ（ZTA）に関するガイドラインとして策定されています。この文書では、ゼロトラストアーキテクチャの概念や主要な要素について解説し、組織がゼロトラストアーキテクチャを適切に設計、実装、運用するためのガイダンスを提供しています。

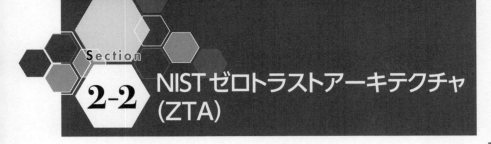

NISTが公開したSP 800-207には、ゼロトラストがどういう構成要素で
成り立っているのか、最終的な目標をイメージするのに重要な情報が多数
含まれています。本節ではそのSP 800-207について紹介していきます。

2-2-1 SP 800-207（ゼロトラストアーキテクチャ）の目的と背景

　従来のセキュリティに対するアプローチでは、内部ネットワークを信頼
し、外部ネットワークを信用しないパラダイムが主流でした。しかし、ク
ラウドコンピューティングやリモートワークの普及、サイバー攻撃の高度
化や内部からの脅威の増加など、セキュリティを取り巻く状況には多くの
変化が生じています。これらの変化に対応するために、ゼロトラストアー
キテクチャが提案され、NISTがガイドラインを策定しました。

　NISTが作成するドキュメントのうち、SP 800-207（ゼロトラストアーキ
テクチャ）は、本書のテーマであるゼロトラストアーキテクチャ（ZTA）を
取り扱うものです。SP 800-207では、ゼロトラストアーキテクチャに関す
る概念的な定義に加え、企業に適用しようとした際に必要となる技術的な
ガイダンスが提供されています。セキュリティアーキテクトが社内で運用
するシステムをゼロトラストアーキテクチャに移行する際のロードマップ
を提供したものになっています。

　ゼロトラストアーキテクチャは、現代のIT環境に存在する脅威に対処す
るために、従来のネットワークセキュリティの手法を再検討し、信頼の範
囲を特定のセキュリティ境界から個々の要素やトランザクションにまで拡
張することを目指します。

2-2-2 ゼロトラストの基本

　ゼロトラストは、企業のリソース（システム、データ、アプリケーション
など）の保護に焦点を置き、信頼できるかどうか継続的に評価するという前
提に基づきます。

図2　ゼロトラストの構成要素

　アクセスしようとしているユーザー／エンドポイントが本物であり、リ
クエストが有効であることを、ポリシー決定ポイント（PDP）／ポリシー実
施ポイント（PEP）で常に確認します。この確認作業自体は一般的な認証認
可になりますが、一度許可されれば常に素通りできるわけではなく、信頼
度を変化させる要因（時間、場所、端末のセキュリティパッチの適用状況な
ど）や、企業で設定される動的なリスクベースポリシーに適合するかなどを
考慮して検証されるようにします。

　基本となる考え方は前述のとおりですが、実際にゼロトラストを会社と
して採用する場合、次に示す7つの「ゼロトラストの原則」が満たされるよ
うに、セキュリティの計画や実装を行っていきます。

⬡ すべてリソースとみなす

　さまざまな環境に散らばっているサーバーやそこに含まれるデータにつ
いて、環境に関わらず（オンプレミス環境もクラウド環境も含めたすべての
環境において）あらゆるものを「リソース」とみなします。また、こうしたサー
バーにデータを送信するネットワーク機器やIoT端末も「リソース」とみな

し、企業が所有するリソースにアクセスする個人所有のデバイスがある場合、そうしたデバイスも「リソース」とみなします。

すべての通信を保護

　社内と社外といった区分けをしないため、企業が所有するリソース（サーバーやデータベースなど、環境に依存せずすべてのリソース）に対するアクセスはすべて、境界型セキュリティでいうところの外部からのアクセスと同じように扱います。つまり、アクセス元の場所に依存せず（たとえ社内からのアクセスであったとしても）、すべての通信の機密性と安全性を保護し、アクセス元に対する認証を行います。

企業リソースへのアクセスはセッション単位で付与

　企業リソースに対するアクセスを許可する前に、アクセス元が信頼できるかを必ず評価します。SSOなどの仕組みを使って、ある企業リソースに対する認証認可の確認および付与をいったん行っていたとしても、別の企業リソースにアクセスする際にはアクセス元の確認を再度行います。場合によってはこの作業が暗黙的に実行されて、確認が実施されていないように見えるケースもあるかもしれませんが、内部的には新しい接続先であれば信頼できるかどうかの確認を行います。

　たとえば、自分の端末から社内ポータルにアクセスしたとします。最初のアクセスにおいて、本人確認および権限の付与があるのでログインの操作を行います。通常、一度ログインを行うと、ほかの社内システム、たとえば過去のプロジェクトファイルやフォルダなどにアクセスしたとしても、再度認証を求められることはありません（SSOによる恩恵のため）。しかし、セッション単位でアクセス権を付与する場合には、たとえ同じ社内システムであり、通常ならSSOによる自動ログインができたとしても、普段アクセスしないようなリソースやシステムに対するアクセスであれば、再認証を求めるようにします。これは、ある企業リソースに対する認証認可が一度下りたとしても、ほかの企業リソースに対するアクセスまで許可しているわけではない、ということを意味します。

2

ゼロトラストの基礎

⬡ リソースアクセスの許可確認には動的ポリシーを利用

　ゼロトラストの場合、リソースにアクセスしてきているユーザーやシステムに対してアカウント自体の属性情報（ID／パスワードなど）だけで認証はしません。アクセス対象となる企業資産の特性によって、追加の情報を確認します。たとえば、アクセスしてきている端末のOSのバージョンやパッチがどこまで適用されているか、行動属性として、以前のアクセスがどのような内容であり、以前のアクセス内容と比較して今回があまりに逸脱していないか、環境属性としてアクセス元の場所や時間などです。ゼロトラストでは、これらの各種情報を状況や状態に応じて追加で確認するように動的なポリシーを適用します。

⬡ 会社管理デバイスの継続的な監視、評価

　前述の動的ポリシーにも関連しますが、会社資産にアクセスする端末の状態について、継続的な監視と評価を行います。たとえば、ある端末でパッチの適用を怠ったために脆弱性が残っており、その脆弱性が狙われ、何かしらの不正アクセスが起こったとします。この場合、類似の状態にある端末（＝同じようにパッチがあたっていない端末）は会社資産にアクセスできないようにする必要があります。こうした対策をとれるようにするためには、現状を把握できるように、継続的な端末の監視と評価の実施およびそれら情報の収集が必要になります。こうした継続的な監視や評価の実施は「セキュリティ態勢」と呼ばれたりします。

⬡ リソースへの認証認可はアクセス許可の前に動的かつ厳密に実施

　いったん認証認可が通ったとしても、ユーザーの再認証を一定サイクルで実施するようにします。再認証のタイミングは資産の性質などによって変わってきますが、時間ベースで実施したり、新規リソースへのアクセス時に実施したり、個人情報など秘匿情報を変更する際に実施したりするなど、いくつかのタイミングを検討します。再認証を頻繁に実施するとコストがかかるので、守りたい資産の重要性なども踏まえてユーザビリティやコスト効率のバランスをとります。

● 可能な限り多くの情報を収集して利用

　ここまでの内容でさまざまな対策を列挙しましたが、これらを実施するために必要となるのが情報収集です。セキュリティ態勢、ネットワークトラフィック、リクエストなどさまざまな情報を一元的に集約し、あるユーザー／システムがアクセスしようとしている際にどのような状態なのか把握できるようにします。

> **Column**　　　　　　　　**セキュリティ態勢とは？**
>
> 　セキュリティの実装を計画しようとすると「セキュリティ態勢」や「セキュリティ態勢管理」という言葉をよく見かけます。普段から社内セキュリティの向上などに関わっていなければ聞きなれない用語かと思います。
>
> 　この「セキュリティ態勢」は、「会社が定義するセキュリティに関する準拠事項に対してどれくらい準拠できているか、を示す指標」という意味です。
>
> 　たとえば、会社支給の端末に対してパッチの適用がどれくらい進んでいるのか、会社で実施するセキュリティオンライントレーニングの受講をどれくらいの社員が完了できているか、といったものが「セキュリティ態勢」で示される指標になります。
>
> 　悪意のあるユーザーは会社の脆弱性を常に探しています。システムだけでなく人の脆弱性も狙われます。むしろ、人のほうが狙いやすいので標的型攻撃やフィッシングといったものが流行しているといえるでしょう。
>
> 　こうした悪意のあるユーザーから会社のリソースを守るためには、システムや人の脆弱性を塞いでいく必要があります。その活動に必要となる指標が「セキュリティ態勢」です。
>
> 　定期的にやってくる「セキュリティトレーニング」は、面倒なものではありますが、会社のリソースを守るために必要なトレーニングですので、億劫がらずにぜひやりましょう。

2-2-3　ゼロトラストアーキテクチャの構成要素

　「2-2-2 ゼロトラストの基本」で紹介した原則を実践していくとき、単一のソリューションで解決できるわけではありません。まずはゼロトラストアーキテクチャ（NIST SP 800-207）で紹介されている構成要素について

概要を見ていきましょう。ただ、ゼロトラストアーキテクチャ（NIST SP 800-207）はやや抽象度が高い記述となっているので、ここでは、NISTで構成すべきといわれている論理的な要素をもう少し一般的なサービスやソリューションに落とし込む場合に、どのようなものを検討する必要があるかもあわせて紹介していきます。

⬡ 継続的診断および対策

利用している端末においてセキュリティパッチの適用状況や企業が許可しているOSを利用しているかなどのチェックを行います。実際に実装する場合、クライアントサイドだと、エンドポイント保護（EDR）やモバイルデバイス管理（MDE）といったものが該当します。サーバーサイドでは、エンドポイント保護も使えますが、確実に実施するには継続的インテグレーション／継続的デリバリ（CI/CD）の中に脆弱性検査やセキュリティテストを組み込むといった方法になります。

⬡ 業界コンプライアンスへの適合

金融業界や医療業界では情報管理規定が法律で定められているケースがあります。こうした場合、それらの法律に準拠した構成になっているかを継続的にチェックする必要があります。実際に実装する場合、クラウドセキュリティポスチャマネジメント（CSPM）と呼ばれる仕組みを利用します。

⬡ 脅威インテリジェンスフィード

脅威インテリジェンスフィードは、ユーザーが企業のリソースにアクセスするときに実施されるポリシーチェックにおいて、社内外から得られる脅威情報を利用しましょう、というものです。たとえば、既知の悪意あるユーザーが利用しているIPアドレスからのアクセスではないか、利用されているID／パスワードが流出したものではないか、といったことです。脅威インテリジェンスフィードはユーザーを認証する際に脅威情報を利用するというものなので、実際の実装では、IDアクセス管理（IAM）の一機能としてリスクベース認証（RBA）が含まれているか、リスクベース認証に既知の脅威情報を利用する仕組みがあるかどうかを確認することになります。

◆ ネットワークおよびシステムのアクティビティログ

　企業内で利用するシステムからは多数のログが出力されます。それらのログは侵害の検知や対応、また事後分析でも役に立つ情報なので、一元的に集約してリアルタイムなフィードバックを出せるようにします。実装する場合、ログを収集する仕組みとしてクラウドアクセスセキュリティブローカー (CASB) やセキュアWebゲートウェイ (SWG)、アイデンティティ認識型プロキシー (IAP) などが出力元になります。

◆ データアクセスポリシー

　ゼロトラストでも境界型セキュリティと同じく企業リソース (社内システムとデータの両方) に対するアクセス管理を行う必要があります。単純に一度固定のユーザー名／パスワードで認証認可するのではなく、動的なポリシーを適用して検査します。実際の実装では、クラウドアクセスセキュリティブローカー (CASB) やアイデンティティ認識型プロキシー (IAP) が該当します。

◆ 公開鍵基盤 (PKI)

　通信を行う際はHTTPSが基本となるので、証明書の管理が必要です。一般に提供される外部の公開鍵基盤 (PKI) だけでなく、社内向けに展開される公開鍵基盤も検討します。

◆ ID管理システム

　その名前のとおり、ユーザーIDの作成や変更、削除などの管理作業を行うシステムです。一般的なID管理では、LDAP (Lightweight Directory Access Protocol) が有名です。企業利用では、Windows Serverに含まれるActive Directoryなども古くからよく使われる仕組みの1つです。

◆ セキュリティ情報およびイベント管理 (SEIM)

　各種ネットワーク機器やクライアント端末に入れたアプリから出力されるログは、一元的に集約して応答できるようにする必要があります。一元化することにより、検知、対処、振り返りなどが行いやすくなります。

2

ゼロトラストの基礎

　実際にゼロトラストアーキテクチャを適用しようとすると、どこからどのように手をつけていけばよいのか悩みます。本節で紹介する「ゼロトラスト成熟度モデル」は、ゼロトラストの導入（Zero Trust Adoption）を推進する際に、進捗状況を可視化するために利用できるモデルです。

2-3-1　サイバーセキュリティ・インフラストラクチャセキュリティ庁（CISA）

　国土安全保障省サイバーセキュリティ・インフラストラクチャセキュリティ庁（CISA）は、2018年11月に設立されたサイバーセキュリティとインフラストラクチャーの保護を担当する組織です。CISAは、国家安全保障に関わる情報インフラストラクチャーの保護、サイバーセキュリティの向上、緊急事態時の通信の備えなどを行っています。サイバーセキュリティに関してだと、CISAは、米国政府機関や企業などに対して、サイバーセキュリティに関する情報提供や支援を行ったり、米国内外で発生するサイバー攻撃への対応を行ったりしています。

　このCISAが2021年8月に発表したのが「ゼロトラスト成熟度モデル」と呼ばれるモデルです。このモデルでは、ゼロトラストの導入（Zero Trust Adoption）を進めるにあたり、進捗状況を可視化できるように、漸進的にゼロトラスト化するためのアプローチの方法が示されています。ゼロトラスト成熟度モデルは米国政府に向けた情報になってはいますが、その考え方は多くの企業がゼロトラスト化を推進するときの参考になるものです。ゼロトラスト成熟度モデルはベースになる考え方がSP 800-207の「ゼロトラストの7つの原則」であるため、SP 800-207とあわせて理解しておくことで、ゼロトラスト化を推進するうえで非常に役立つ知見となります。

2-3-2　ゼロトラスト成熟度モデル

　ゼロトラストの導入を進めるには、何年もの時間とコストをかけ、組織全体で取り組んでいく必要があります。年月をかけて取り組むには、最終的なゴールを分解して段階的に取り組めるようにする必要があります。

　「ゼロトラスト成熟度モデル」は、5つの柱と3つの共通機能から構成され、それぞれの柱は4段階に分けられています。このように分解することにより、最適化に向けて時間をかけて少しずつ前進できるようになっています。

　5つの柱は「アイデンティティ」「デバイス」「ネットワーク」「アプリケーションとワークロード」「データ」で、それぞれの柱が備えたい横断的な機能として「可視性と分析」「自動化とオーケストレーション」「ガバナンス」の3つが挙げられています。

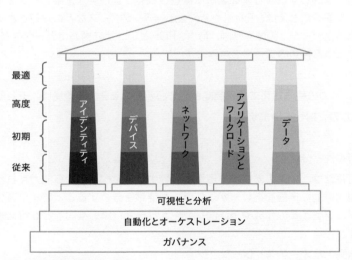

図3　ゼロトラスト成熟度モデル

　5つの柱はそれぞれ次のものを意味しています。

- アイデンティティ
  ユーザーまたはシステムを一意に表現できる属性や属性群を指します。ゼロトラストアーキテクチャ（SP 800-207）でも示されていたと

2

ゼロトラストの基礎

おり、特定する対象には人だけでなくシステムも含まれます。

- デバイス
  ネットワークに接続できるあらゆる資産を指します。たとえば、サーバー、デスクトップまたはノートPC、プリンター、スマートフォン、IoT機器などです。
- ネットワーク
  社内ネットワーク、無線ネットワーク、外で利用するセルラーネットワーク（携帯電話網）など、さまざまなネットワークを指します。
- アプリケーションとワークロード
  オンプレミス環境やクラウド環境、モバイルデバイス上など、さまざまな場所で稼働するアプリケーションやプログラム、サービスを指します。
- データ
  場所は問わずさまざまな場所に保管されるさまざまな企業データを指します。たとえば、ExcelやAccess、データベースなどに保管される構造化データ、画像や動画、音声、PDFといった非構造化データなど、あらゆる種類のデータを含みます。

前述の5つの柱に加えて共通機能として必要となる3つの機能は、それぞれ次のものを指しています。

- 可視性と分析
  可視性は、企業のあらゆる環境内で発生するイベントから出力される観測可能な情報を指します。こうした情報を分析することで、リスクプロファイルの作成や予防的なセキュリティ対策の検討などを行えます。
- 自動化とオーケストレーション
  セキュリティ対応のため、自動化ツールやワークフローツールを最大限に活用します。セキュリティインシデントにおける自動化はわかりやすい例ですが、アプリケーション開発における自動化もセキュリティ向上の点で検討します。
- ガバナンス
  ガバナンスは、サイバーセキュリティのポリシーや手順、プロセスの

定義や関連する施策を指します。ゼロトラストの原則や政府要件を満たしているかを確認し、管理するための仕組みです。

2-3-3　アイデンティティの成熟

アイデンティティにおけるゼロトラスト化は、オンプレミスで管理している社員情報をゼロトラストに対応したID管理システム／サービスに移行するというものです。一足飛びに完全移行することはできないので、通常はオンプレミスのID管理（オンプレミスのActive Directoryなど）とクラウド上のゼロトラストに対応したID管理（Microsoft Entra IDなど）が共存する期間を経て、最終的な完全移行を目指します。また、それとあわせて認証認可の部分で、リスクベース認証やパスワードレスにも取り組んでいくことになります。

表1　アイデンティティのゼロトラスト移行

	アイデンティティ
従来(Traditional)	・パスワードまたはMFA ・オンプレミスのID管理 ・限定的なリスクアセスメント ・定期的な見直し
初期(Initial)	・ID管理はオンプレミスとクラウドのハイブリッド構成 ・手動でのリスクアセスメント ・パスワード以外に場所や行動など複数の属性を利用して認証 ・自動でアクセス権を失効
高度(Advanced)	・ID管理を一元管理できるように統合 ・IDリスク評価の自動化 ・リクエストベースのアクセス評価 ・パスワードレスMFA
最適(Optimal)	・すべての環境に対してID管理を統合 ・IDリスク評価をリアルタイムに実施 ・初回認証だけでなく認証状態を評価

2-3-4　デバイスの成熟

デバイスのゼロトラストへの移行は、会社リソースにアクセスするデバイスを把握するところから始まります。会社の管理下に置くデバイスを把握できたら、セキュリティパッチの適用や脅威への対策や態勢の管理（セ

2

ゼロトラストの基礎

キュリティに関する設定の強制など）を行います。最終的にはさまざまなデバイス、あらゆるデバイスに同一のルールを適用できるように拡張していきます。

表2　デバイスのゼロトラスト移行

	デバイス
従来(Traditional)	・インベントリは手動でトラッキング ・限定的なコンプライアンス適用状況の可視化 ・一部デバイスで脅威に対する防御を手動で運用
初期(Initial)	・すべての物理資産をトラック ・利用するソフトウェアの承認を必要とし、構成の変更や更新をプッシュ ・端末の情報を報告
高度(Advanced)	・物理／仮想問わずすべてトラッキング ・統一された脅威対策と態勢管理の展開 ・初回リソースアクセスの許可／拒否はデバイスの状態に応じて判断
最適(Optimal)	・ベンダーやサービスをまたがった統合的なデバイストラック ・リソースアクセスはリアルタイムにデバイスリスクを分析

2-3-5　ネットワークの成熟

　ネットワークにおけるゼロトラストへの移行の基本は細分化です。ネットワークセグメント自体を小さくしていくこと（マイクロセグメント）はもちろんですが、システムやネットワークにアクセスできる権限（最小権限）や時間（just-in-time）も小さくしていきます。

表3　ネットワークのゼロトラスト移行

	ネットワーク
従来(Traditional)	・境界型防御かつ大きなセグメンテーション ・ネットワークのルールや設定は手動管理 ・アドホックな鍵管理による最低限のトラフィック暗号化
初期(Initial)	・重要なワークロードを分離(セグメント化) ・すべてのアプリケーションに静的ルールを適用(クラウドの場合、各サブネットやアプリケーションに対してネットワークセキュリティグループなどのトラフィック制御リソースを付与)
高度(Advanced)	・マイクロセグメント化を拡大 ・自動的な隔離と回復の機構を拡充 ・対象のネットワークで鍵の発行とローテーションを自動管理
最適(Optimal)	・just-in-timeかつjust-enoughな接続許可

2-3-6 アプリケーションとワークロードの成熟

　ゼロトラストへの移行を進め、ネットワークが小さくなり、どこからでもアクセスできるようになると、稼働させているアプリケーションやサーバー自体のセキュリティも強化していく必要があります。手動で実施するには限界があるので、CI/CDを使い、できるだけ自動化しながらセキュリティの強化を図っていきます。実はゼロトラストセキュリティにおいて、CI/CDや自動化といった技術は、膨大なシステムやパッチを管理する点でとても関係の深いものです。

表4　アプリケーションとワークロードの成熟

	アプリケーションとワークロード
従来(Traditional)	・閉域ネットワークからアクセス可能 ・最低限の保護 ・手動での開発／テスト／本番への展開
初期(Initial)	・ミッションクリティカルなワークロードは一部のユーザーのみ公共ネットワークからアクセス可能 ・CI/CDの実装 ・デプロイ前の静的／動的セキュリティテスト
高度(Advanced)	・すべてのアプリケーションがコンテキストベースの保護を導入 ・ミッションクリティカルなワークロードの大部分が公共ネットワークから利用可能
最適(Optimal)	・すべてのワークフローが高度な攻撃に対する防御を装備 ・公共ネットワークから利用可能 ・ライフサイクルにセキュリティテストを組み込む

2-3-7 データの成熟

　データに関してもゼロトラストへの移行を考える必要があります。アプリケーションとワークロードと同じように、ネットワークが細分化されると、そこに存在するデータも分断されて小さく分割されてしまいます。たとえ小さく分断されたとしても会社のリソースであることには変わりありません。まずは、それぞれのデータに対して機密度を設定して分類し、続けて機密度が高いものは特に漏えいしないように対策を打っていきます。

表5　データのゼロトラスト移行

	データ
従来(Traditional)	・手動で棚おろし、分類 ・オンプレミスのデータストア ・静的なアクセスコントロール
初期(Initial)	・データの分類のための戦略の検討に着手 ・一部を高可用性のストアに変更 ・通信データの暗号化
高度(Advanced)	・一部でデータのカタログ化が進み、静的なDLP対応を実施 ・属性ベースのアクセス制御を有効化
最適(Optimal)	・データの継続的な棚おろし ・データの分類とラベリングを自動化 ・DLPによる情報流出の遮断 ・動的なアクセス制御 ・使用中データの暗号化

ゼロトラスト
アーキテクチャ

Section

3-1 ユーザーの信頼

本節ではさまざまな認証方法についてご紹介します。昔からあるID、パスワードを使った認証から、より安全な多要素認証やパスワードレス認証まで、それらがどのようなものかを学びましょう。

3-1-1　IDアクセス管理（IAM）

IDアクセス管理（Identity and Access Management、IAM）は、特定のシステムやネットワークにアクセスするためのユーザー認証と権限管理を行うための仕組みです。IDアクセス管理の主な目的は、各ユーザーが適切な権限でアクセスし、機密情報が適切に保護されるようにすることです。

ゼロトラスト化を目指すにあたり、IDアクセス管理はセキュリティ戦略における最も重要な構成要素の1つといえます。情報の機密性、完全性、および利用可能性を保つために必要な手段を提供し、ユーザーやシステムが会社リソースにアクセスする方法を制御することによって、不正アクセスやデータの漏えいを防ぎます。

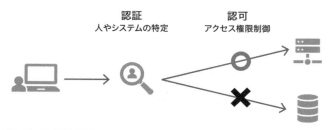

図1　認証と認可の違い

IDアクセス管理の主要な機能には、次のようなものが含まれます。

- 認証

  IAMは、ユーザーまたはシステムがそれ自身であることを確認します（本人であることの真正性を確認します）。このプロセスには、ユーザーID／パスワード、生体認証、ハードウェアトークン（YubiKeyなど）といったさまざまな認証メカニズムを利用します。特に、1つの認証情報だけに頼らず複数の認証情報を利用して本人確認をする方法を「多要素認証（MFA）」と呼びます。

- 認可（権限管理）

  各ユーザー／システムがアクセスできるリソースや情報は、そのユーザー／システムの役割や職務によって異なります。IAMは、これらの権限を管理し、各ユーザー／システムが適切な権限で会社リソースにアクセスできるようにします。特に、「役割（ロール）」ごとにアクセス権限を管理する手法を「ロールベースアクセス管理（RBAC）」と呼びます。また、より細かい権限管理を実現するために、あらゆる「属性（アトリビュート）」（接続場所やネットワーク経路、会社リソースに設定されたタグなど）を考慮してアクセス権限を管理する手法を「属性ベースアクセス管理（ABAC）」と呼びます。

- アクセスポリシー定義

  IAMには、どのユーザー／システムがどの会社リソースにアクセスできるかを定義するポリシーを設定できます。これらのポリシーは、システムのセキュリティ要件に基づいて定義します。たとえば、「営業スタッフは、外出先から営業データベースにアクセスする場合、必ず多要素認証を求められる」、「管理者は、組織のネットワーク内からのみ機密データにアクセスできる」といったポリシーを検討、定義します。

- シングルサインオン（SSO）

  ユーザーが一度認証すると、ほかの関連システムやアプリケーションにもアクセスできる機能です。これにより、ユーザーの利便性が向上し、認証に必要な時間と労力を大幅に削減できます。SSOが重要な役割を果たすのはセキュリティにおいてで、ユーザー認証を一元化することで強固な認証機構の構築が可能になり、ユーザーがパスワードを再利用したり、弱いパスワードを使用したりといったリスクを減らせます。また、IDの漏えいなどの問題が発生した際には該当のIDを無効化するなど、ほかのセキュリティ施策を講じやすくなります。

- ライフサイクル管理

3

ゼロトラストアーキテクチャ

ユーザーが組織に参加したとき、役割が変わったとき、組織を去ったときなどユーザーIDのライフサイクル全体をIAMによって管理できます。

- 監査とレポート

ユーザーアクティビティの監査とレポートを提供し、組織が規制を遵守できているかを確認し、不正行為があった場合は追跡できるようにします。取得されるログには、ユーザーアクティビティ（ユーザーやシステムが行った具体的なアクション。ログイン、ログアウト、アクセスしたリソース、実行した操作など）、異常なアクティビティ（通常とは異なるユーザーアクティビティや疑わしい行動パターン。複数回の認証の失敗、通常とは異なる場所からのアクセスなど）、ポリシー違反（特定のアクセスポリシーに対する違反。不適切なリソースへのアクセス、許可されていない操作など）、権限の変更（ユーザーやロールの権限の変更）などがあります。

3-1-2　多要素認証（MFA）

多要素認証（Multi-Factor Authentication、MFA）は、ユーザーの認証方法の1つで、個々のユーザーを特定するために2つ以上の独立した要素を使用するものです。

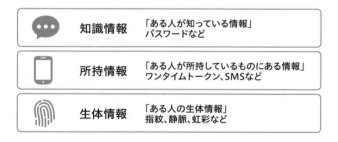

知識情報	「ある人が知っている情報」パスワードなど
所持情報	「ある人が所持しているものにある情報」ワンタイムトークン、SMSなど
生体情報	「ある人の生体情報」指紋、静脈、虹彩など

図2　認証の3要素

通常、認証に利用する要素には次に示す3種類があります。

- 知識情報

- 所有物情報
- 生体情報

　知識情報とは、いわゆる人の記憶に頼る情報で、パスワードやPINなどが該当します。一般的な認証のイメージは、この知識情報を使ったID／パスワードによる認証です。所有物情報は、スマートフォン（電話番号）やUSBキー、カードキーといった本人が所有するものによる情報です。生体情報は、指紋や虹彩、静脈、顔など、ユーザー本人の生体情報です。

　多要素認証を採用する目的は、1つの要素が侵害された場合でも、ほかの要素によりセキュリティを維持できるようにすることです。たとえば、パスワードが盗まれたとしても、攻撃者がユーザー本人の携帯電話や指紋を持っていなければアクセスは許可されません。これにより、システムの安全性と信頼性が大幅に向上します。

　多要素認証（MFA）と類似するものに「二段階認証」というものがあります。この「二段階認証」の場合、要素数は規定されていません。たとえば、ID／パスワードを入力し、スマートフォンにインストールされているAuthenticatorアプリ（Google AuthenticatorやMicrosoft Authenticatorなど）のワンタイムパスワードを使って認証するケースだと、1段階目に知識情報、2段階目に所有物情報を利用しているので、二段階認証かつ多要素認証になります。一方で、ID／パスワードを入力し、さらに秘密の質問の答えを入力して認証するケースでは、1段階目も2段階目も知識情報に頼った認証になります。この場合、二段階認証ではありますが、多要素認証にはなりません。

3-1-3　パスワードレス認証

　最近では「パスワードレス認証」という手法も出てきています。パスワードレス認証とは、知識情報である「パスワード」を使わず、残りの所有物情報（特定のハードウェアデバイスやモバイルデバイスなど）や生体情報（指紋、顔など）を使って認証する方法です。こちらの手法も要素数は規定されていないので、パスワードを使っていなければ「パスワードレス」になります。

知識認証である「パスワード」には従来、いくつかのセキュリティ上の脆弱性がありました。たとえば、ユーザーが独自のパスワードを設定すると、弱いパスワードになることがしばしばあり、攻撃者が予測またはクラックしやすくなったり、多くのユーザーは同じパスワードを複数のサービスで再利用する傾向があるため、1つのサービスでパスワードが漏えいすると、ほかのすべてのサービスが危険にさらされる可能性があったりといった問題です。

パスワードレス認証を利用すると、ユーザーがパスワードなど何かを覚えておく必要がなくなります。一方で、生体情報やデバイスの所持情報などは一人一人固有であるため、それらの情報を利用した認証は、一般的にはパスワードよりも安全性が高いとされています。

3-1-4　リスクベース認証（RBA）

リスクベース認証（Risk-Based Authentication、RBA）は、ユーザーの認証強度を増加させるための方法で、特に潜在的な不正アクセスを検出し、防ぐために利用されます。RBAでは、ユーザーの通常の行動パターンをあらかじめ学習しておき、そのパターンから逸脱していないかを評価して、リスクの高い試みであると判断した場合に、追加のセキュリティチェックを要求します。

リスクとして判定される要素には次のようなものがあります。

- 地理情報
  ユーザーが通常ログインする地域から大きく外れた地点からログインが行われたり、短時間で不可能な移動をしていたりする場合、不正アクセスの可能性があると考えられます。
- 使用デバイス
  ユーザーが普段使用しないデバイスからのログインも疑わしいとみなされます。
- IPアドレス
  登録されていないIPアドレスや、以前に不正行為や攻撃に使用された

ことが知られているIPアドレス、匿名IPアドレスからのアクセスはリスクとみなされます。

- 時間帯

ユーザーが通常アクセスしない時間帯にアクセスがあった場合も不審な行動とみなされることがあります。

- ログイン試行回数

短時間に多数のログインの試行がある場合、パスワードクラックの試みである可能性があります。

このような判定でリスクありとみなされた場合、追加のセキュリティチェックとして通常は多要素認証（MFA）が求められることが多いです。ほかの確認方法としては、パスワードの再設定やセキュリティの質問を求めるような実装を行っているケースもあります。

こうしたRBAを意識したことはないかもしれませんが、実は金融サービス業界で広く採用されています。

金融機関では、顧客が普段と異なる地域からログインしようとするなど、通常と異なる行動をとると、リスクが高いと判断されます。その結果、顧客は、二段階認証（2FA）のプロセスを通じて自分が本人であると証明することを求められたりします。

また、金融機関では、特定の取引でリスクが高いと判断した場合、その取引の正当性を確認するためにRBAを使用することもあります。たとえば、顧客が金額の大きい送金を試みた場合や、通常とは異なる受取人に送金を試みた場合などです。そのような場合、顧客は再度認証を行うか、取引が口座保有者本人によるものかを確認するための追加のセキュリティの質問に答えることが求められます。

このような場合、顧客は通常、SMSメッセージで送られるかモバイルアプリから生成される一時的なコードを入力することが求められます。

3

ゼロトラストアーキテクチャ

3-2 デバイスの信頼

デバイスを安全に利用するためには、パターンマッチタイプのウィルス対策だけでは不十分です。ディスク暗号化、ふるまい検知など、デバイス上だけでも多層防御を検討します。

3-2-1 セキュリティチップ（TPM）

セキュリティチップ（Trusted Platform Module、TPM）とは、コンピュータのハードウェアのセキュリティを支えるための専用のマイクロチップです。TPMを利用する主な目的は、PC自体の物理的な窃盗に対するデータ保護対策です。

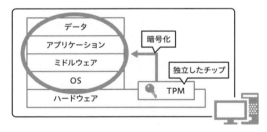

図3　TPMの利用イメージ

TPMは、パスワードの保護、暗号キーの生成と保管、証明書の保管などの機能を持っています。ハードウェアレベルでパスワードや暗号化キー、証明書を保護しており、OS上のソフトウェアやアプリケーションとは異なる形で保護機構が提供されることにより、OSやアプリケーションに脆弱性があったとしても、キーが安全に保管されます。これによって、より強固なセキュリティを実現できます。

実装例の1つとしてWindowsのBitLockerがあります。BitLockerは、

Microsoftが開発したドライブ暗号化機能で、BitLockerを使うと、HDDまたはSSDの全体を暗号化し、データを保護できます。この暗号化を行うときに使用される暗号化キーがTPMに保管されます。パソコンが起動する際、TPMはコンピュータの完全性をチェックし、問題がなければTPMから暗号化キーを取り出し、暗号化を解除するような動作をします。このように暗号化キーを独立して保護できるので、たとえばPC自体の窃盗が行われたときに、仮にHDDやSSDが抜き出されてほかのPCに取り付けられたとしても、暗号化キーがTPM上にあるため復号できず、内容を読み取ることができないといった仕組みを実現できます。

3-2-2　モバイルデバイス管理（MDM）

モバイルデバイス管理（Mobile Device Management、MDM）とは、企業や組織がスマートフォン、タブレットなどのモバイルデバイスを遠隔で管理するための技術やポリシーを指します。MDMは、デバイスの設定の管理、アプリケーションの管理、セキュリティの強化、データの管理など、多岐にわたる機能を提供します。

- デバイスの設定管理
  デバイスのパスワードポリシーやWi-Fi、メールアカウントの設定などをリモートで行います。
- アプリケーションの管理
  企業が承認したアプリケーションのみをデバイスにインストールできるように制限したり、アプリケーションのバージョン管理を行ったりします。
- セキュリティの強化
  デバイスが紛失や盗難にあった場合、リモートでデータを削除したり、デバイスをロックしたりすることができます。また、デバイスが不正アクセスやマルウェアから保護されているかどうかの確認もできます。
- データの管理
  デバイス上の企業データと個人データを分離します。この機能により、企業のデータのセキュリティを保ちつつ、従業員のプライバシーを守

3

ゼロトラストアーキテクチャ

ることができます。たとえば、デバイスが紛失した場合や従業員が退職する場合、企業は企業データのみをリモートで削除（またはロック）することが可能となり、個人のデータへの影響を最小限に抑えることができるため、企業のデータと従業員のプライバシーの両方を保護する重要な機能です。

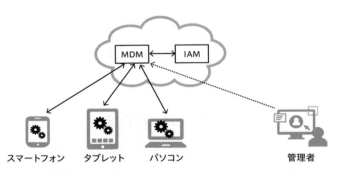

図4　MDMの利用イメージ

スマートフォンやタブレットが普及し始めてから、その便利さゆえに、従業員が自分のスマートフォンやタブレットを仕事で使用するケース（Bring Your Own Device、BYOD）が増えています。そのため、こうしたモバイルデバイスのセキュリティを使った企業情報の取り扱いに対する管理は、企業のセキュリティ管理における重要な要素の1つとなっています。個人端末であっても、MDMを導入することで、会社管理の端末として認識させることができ、モバイルデバイス内の企業情報と個人情報を分離しながらデバイスのセキュリティを強化し、リモートでデバイスを制御できるようになります。

　特に、BYODを実施して、企業内で使用されるデバイスの種類が多様化する現代において、MDMは重要な役割を果たしています。企業はMDMを通じて、モバイルデバイスの使用を安全に制御し、ビジネスの効率を向上させることができるようになります。

3-2-3 エンドポイント検出と応答 (EDR)

エンドポイント検出と応答 (Endpoint Detection and Response、EDR) とは、エンドポイント (通常はネットワークに接続された PC、スマートフォン、タブレット、IoT デバイスなど) に対する脅威の検出、分析、対処をリアルタイムで行う技術です。一般的に EDR は、より高度な行動分析 (ふるまい検知) と脅威ハンティング能力を備えています。

EDR に類似するものに、エンドポイント保護プラットフォーム (Endpoint Protection Platform、EPP) と呼ばれるものがあります。EPP は、ユーザーエンドポイントがさまざまなセキュリティの脅威から保護されるようにするためのソリューションで、一般的にはアンチウィルス (パターンマッチタイプ) やファイアウォールなどを指します。

EPP と EDR の違いは、EPP が脅威の侵入の前に検知することを目的としているのに対し、EDR は脅威に侵入されたあと、その動きから脅威を判定し、対応することを目的としている点にあります。ただ、実際のソリューションでは EPP と EDR が一体化した製品が増えてきており、一般的なパターンマッチだけでなくふるまい検知にも対応したアンチウィルス製品が出てきています。

EDR の主な目的は、脅威の検出、分析、対処です。具体的な機能としては、次のようなものを含みます。

- 脅威検出
  EDR は、エンドポイント上で発生するイベントを監視し、分析します。これにより、既知または未知の脅威を自動的に検出できます。たとえば、異常なファイルの動作や不審なプロセス、レジストリの変更などを検出します。

- 脅威ハンティング
  脅威ハンティングとは、まだ知られていない脅威やまだ検知できていない未知の脅威をセキュリティ担当者が検索し、新たな脅威として特定する活動を指します。EDR では、この脅威ハンティングを行うために必要となるデータやデータ分析機能を提供します。たとえば、過去のイベントと現在のイベントを比較することでパターンやトレンドを

3

ゼロトラストアーキテクチャ

特定できるようにします。

- インシデント対応
  EDRは検出された脅威に対応するためのツールも提供します。一般的なウィルス対策ソフトと同じく、脅威の隔離や削除、また修復の機能が備わっています。

　EPPとEDRのどちらかだけで大丈夫だと思われるケースもありますが、多層防御という考え方からまずは両方導入（または両機能を有するソリューションを導入）することを検討します。予防的なセキュリティ手段（EPP）と反応的なセキュリティ手段（EDR）では対応できるフェーズが異なるので、両方導入することでエンドポイントに対する全般的なセキュリティの強化を図れます。

　EPPもEDRもエンドポイントの情報を集め、脅威を検知することを目的としていますが、実際に脅威を検知しようとしたとき、エンドポイントの情報だけでは足りないケースがあります。たとえば、メールに添付されているExcelやzipファイルを開いた際に何か不審な挙動を検知したとして、その侵入経路となったメールがどのような件名でどんな送信者からどんな受信者に届いているかといった詳細がわからないケースがあります。

　EPPとEDRのエンドポイントの情報に加え、メール、ネットワーク、クラウドサービスなど多様な情報源からセキュリティデータを集約し、これらの情報を相互に関連付けることで、一貫性のある視点からセキュリティイベントを検出、分析し、対応できるようになります。

　このように異なる機能やアプリが出すログを横断的に連携させることで、より広範で包括的な脅威の検出と対応を目指すセキュリティフレームワークをXDR（Extended Detection and Response）と呼びます。

3-3 ネットワークの信頼

ゼロトラストを実現するにあたって知っておきたい、ネットワーク周り
の信頼性を上げる各種技術について学びます。ゼロトラストの要素として
登場するSWGやCASBだけでなく、これまでの通信の安全性の基礎である
公開鍵認証 (PKI) についても取り上げます。

3-3-1 セキュアWebゲートウェイ (SWG)

セキュアWebゲートウェイ (Secure Web Gateway、SWG) は、企業
や組織がインターネットに安全に接続するためのクラウド型セキュリティ
ソリューションです。SWGは、ウェブサイトの閲覧、ファイルのダウンロー
ド／アップロード、アプリケーション利用時の通信など、インターネット
を介するあらゆる種類のデータ転送を検査して保護します。いわゆるプロ
キシのSaaS版というのがイメージとしては近いでしょう。

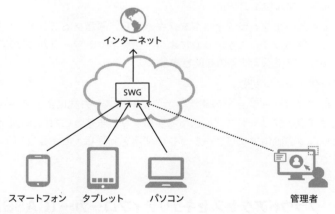

図5　SWGの適用イメージ

SWGが注目されるようになった背景の1つにリモートワークの普及があります。2020〜2021年頃、COVID-19（新型コロナウィルス）のパンデミックの影響でリモートワークが急速に普及しました。このとき一般的によく行われたのは、以前からあるVPNを使って社内ネットワークにつなぐ方法です。この方法は、社内ネットワークに閉域接続しているという点から境界型セキュリティに相当します。急激に増えるリモートワークに対し、VPNのハードウェアはもともと営業など一部の社員しか使わない想定となっていたため、許容量を超えてしまいます。こうした課題を解決するため、SWGのような仕組みが注目されるようになりました。

SWGが有する主要な機能には、次のようなものが含まれます。

- URLフィルタリング
  不適切なウェブサイトや危険なウェブサイトへのアクセスをブロックします。これにより、利用者が不適切なコンテンツを閲覧するのを防ぎ、マルウェアへの感染を予防します。
- データ損失防止（DLP）
  重要な情報が不適切に社外に持ち出されるのを防ぎます。たとえば、企業の機密情報が私用のドライブに保存されたり、意図せずメールで送信されたりするのを防ぎます。
- ウィルス／マルウェア防止
  入ってくるウェブトラフィックをスキャンし、悪意あるコンテンツを検出してブロックします。これにより、企業ネットワークがウィルスやマルウェアに感染するのを防ぎます。
- アプリケーション制御
  特定のアプリケーションの使用をホワイトリスト方式によって許可、またはブラックリスト方式によってブロックします。これにより、企業はリスクの高いアプリケーションの使用を制限し、セキュリティを確保できます。

3-3-2 クラウドアクセスセキュリティブローカー（CASB）

クラウドアクセスセキュリティブローカー（Cloud Access Security

Broker、CASB）は、社員がクラウドサービスを安全に使用できるように支援するためのツールまたはサービスです。クラウドサービスを利用するにあたって、データのセキュリティとコンプライアンスを強化することが主な目的で、データの可視性を高め、脅威から保護し、データのセキュリティポリシーを強制する機能を提供します。

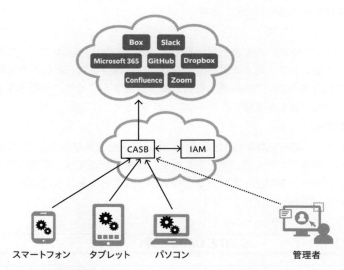

図6　CASBの利用イメージ

3

ゼロトラストアーキテクチャ

　近年、企業は業務を効率化し、コストを削減するため、さまざまなクラウドサービスを導入しています。しかし、多様なクラウドサービスの利用は、企業データの安全性とプライバシーの保護に関する新たな課題を生じさせています。たとえば、機密情報がクラウド環境で適切に管理されているか、規制への準拠が確保されているかといったことです。
　CASBは、こうした状況に対応できるようにする仕組みの1つで、管理されないクラウドサービスの利用への対応を主に次の4つの機能によって実現します。

- 可視化
　CASBは、企業が使用するクラウドアプリケーションとデータの使用パ

ターンに関する情報を提供します。これにより、組織は誰がどのデータにアクセスし、どのように使用しているかを把握できるようになります。

- データ保護

  CASBは、データ損失防止（DLP）機能を提供し、機密データがクラウド経由で不適切に共有されたり漏えいしたりするのを防ぎます。たとえば、機密データを自動的に識別したり、機密データを保護するためのポリシーを適用したりします。

- コンプライアンス

  CASBは、特定の規制要件（たとえば、GDPRやHIPAAなど）への準拠を支援します。たとえば、データがどこに保存され、どのように処理されるかについての詳細な監査証跡を提供することで、規制要件を満たしているかを確認できるようにします。

- 脅威防止

  CASBは、潜在的な脅威（たとえば、不正アクセスやマルウェア）を検出し、対応するためのアラートを提供します。たとえば、異常なログインパターンを検出したり、クラウドアプリケーションへの危険なアクセスを阻止したりします。

Column | **SWGとCASBの違い**

SWGとCASBは、どちらもインターネットトラフィックを監視し、潜在的な脅威を検出してブロックする機能を提供します。この2つはどこに違いがあるのでしょうか？

2つの違いは、SWGがWebトラフィック全般に対するセキュリティソリューションなのに対し、CASBはクラウドサービスに特化して特定のクラウドサービスに対してより細かく操作の制御ができるセキュリティソリューションであるという点にあります。

- セキュアWebゲートウェイ（SWG）

  SWGはWebトラフィックのセキュリティを担当します。ユーザーが安全でないWebサイトにアクセスするのを防いだり、マルウェアに感染するのを防いだりします。また、URLフィルタリング、データ損失防止、アプリケーションの可視化とコントロールなど、一部のセキュリティ機能も提供します。

● クラウドアクセスセキュリティブローカー (CASB)

CASBは、クラウドサービス利用時のセキュリティの強化に特化しています。企業が使用するさまざまなクラウドサービスに関する可視化機能を提供し、その使用に関する制御を行います。また、CASBはデータ損失防止、暗号化、脅威防止、コンプライアンスの支援を含む広範なデータ保護の機能も提供します。そして、特にサードパーティのクラウドサービスにおける潜在的なリスクと脅威に対処することに焦点をあてています。

これら2つは、トラフィック全般を監視するのか、特定サービスの操作まで監視するのか、というように目的が異なるので置き換えることはできません。企業のセキュリティ要件にあわせて選定することが重要です。一方、組み合わせて利用することは可能で、昨今ではSWGとCASBを兼ね備えるようなソリューションも登場してきています。

3-3-3 ID認識型プロキシ (IAP)

ID認識型プロキシ (Identity-Aware Proxy、IAP) は、ユーザーとアプリケーションの間に入って通信を仲介するプロキシです。IAPでは、ユーザーがアプリケーションにアクセスするたびにIAMと連携して認可を行い、不正アクセスが疑われる場合は接続させない、または多要素認証を求めるといった制御を行います。この仕組みにより、VPNを利用せず安全にアプリケーションを利用できる環境を実現します。

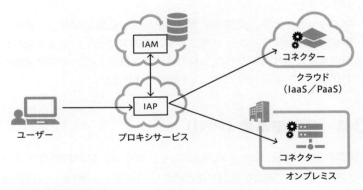

図7 IAPの利用イメージ

IAPもCOVID-19（新型コロナウィルス）のパンデミックの影響で注目されたソリューションの1つです。パンデミックに伴い広まったのが、VPNを使ったリモートワークです。多くの企業では、外出先で利用する営業のような限られた社員のみを対象に想定してVPNを設計していたため、全社員分の通信を賄うだけの十分な帯域容量がありませんでした。また、オンプレミス環境のVPNエンドポイントの場合、簡単に拡張できないため、帯域幅とリソースが限られ、一部の組織では接続自体ができないといった問題やダウンタイムを経験することになりました。こうした問題を解決する手段の1つとして挙がったのがIAPです。

多くのIAPでは次のような機能が提供されます。

- プロキシサービス

    プロキシサービスはクラウド上で動作し、ユーザー、IAM、アプリケーションの間の橋渡しを行います。ユーザーからのアクセスをIAMと連携して認証認可し、問題がなければコネクターに橋渡しします。このサービスは、各リクエストに対して適切なヘッダーを設定し、クライアントのIPアドレスを転送します。

- IAM連携

    プロキシサービス自体に認証認可の仕組みは存在しないので、IAMと連携することで、アクセスしてきたユーザーに対する認証と認可の処理を実行します。通常のIAMと同じく、アクセス場所、使用端末などユーザーの属性情報をもとにアクセスの許可／拒否を判断します。

- コネクター

    プロキシサービスと実際のアプリケーションの間に存在し、通信を中継する軽量なアプリケーションです。このアプリケーションのおかげで閉域網に対するインバウンドのアクセス許可を行わずに閉域網内のアプリケーションへのアクセスを実現できます。

3-3-4　公開鍵基盤（PKI）

公開鍵基盤（Public Key Infrastructure、PKI）は、公開鍵暗号を使ったセキュア通信や本人確認を実現するための仕組みです。PKIは、公開鍵暗号

方式をベースとした鍵の生成、管理、配布、検証などの仕組み全体を指します。

公開鍵暗号は、暗号化と復号に異なる鍵を使用する暗号化方式です。鍵は公開鍵と秘密鍵のペアで存在し、これらのどちらかを使用してデータを暗号化し、もう片方で復号を行います。この非対称鍵の特性により、「単純な暗号化通信」以外に「本人特定」という重要な使い方があります。

PKIを構成する主要な要素に、認証局 (Certification Authority、CA)、ルート証明書、サーバー証明書、証明書失効リスト (Certificate Revocation List、CRL) があります。

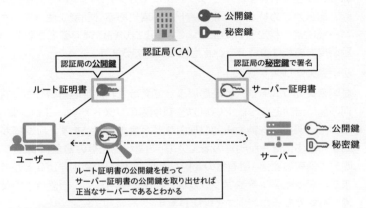

図8　公開鍵認証基盤の全体像

* 認証局 (CA)

  CAは、公開鍵基盤 (PKI) において、証明書の発行と管理を行うものとして信頼できる組織やサービスを指します。認証局は、サーバー証明書を発行する前に、サーバー証明書をリクエストしてきた組織や団体の身元情報を検証します。この確認では、メールなどの電子的な方法だけでなく、郵便や電話など電子的ではない方法も使います。その後、サーバーの公開鍵と身元情報を含む証明書に署名し、サーバー証明書の正当性と信頼性を保証します。一般的に負荷分散の観点から、認証局は階層的な構造を持ち、信頼できるルート認証局 (Root CA) が最上位に位置し、その下にサブ認証局が配置されます。

- ルート証明書

  ルート証明書は、PKIの信頼の起点となる証明書です。信頼できるルート認証局によって署名された特別な証明書で、ブラウザやOSなどにある「信頼された証明書ストア」にあらかじめ格納されています。ルート証明書は、PKIにおいてサーバー証明書を検証するときに利用します。

- サーバー証明書

  サーバー証明書は、ウェブサイトやオンラインサービスなどのサーバーが身元を証明するために使用する証明書です。サーバー証明書には、サーバーのドメイン名、サーバーの公開鍵、発行者（認証局）の情報などが含まれます。ブラウザやクライアントがサーバーに接続する際、あらかじめ持っているルート証明書にある公開鍵を使って、サーバー証明書の検証を行います。CAの正しい秘密鍵で署名されている証明書であれば復号でき、正当性を確認できます。

- 証明書失効リスト（CRL）

  証明書失効リストは、認証局によって発行された証明書のうち、有効期限前に無効となった（失効した）証明書のリストです。CRLには、失効した証明書の一覧や失効の理由などが含まれています。証明書が失効する理由には、証明書の漏えい（証明書の秘密鍵の漏えいなど）、証明書の情報の変更（所有者の変更など）、証明書の運用停止などがあります。クライアントやブラウザは、CRLを使用して、通信相手の証明書が有効であるかどうかを確認します。

このPKI基盤上で実現されるセキュア通信のプロトコルに、TLS（Transport Layer Security）と呼ばれるものがあります。TLSでは、最初にクライアントとサーバーが証明書ベースの認証（PKIで実現されるもの）を行います。このときクライアントはサーバーの公開鍵を取得でき、それを使ってクライアントとサーバーの間で秘密鍵を交換します。これにより、以降は秘密鍵を使ったセキュアな通信を確立できます。

3-3-5 相互TLS（mTLS）

相互TLS（Mutual Transport Layer Security、mTLS）は、通信の両端（ク

ライアントとサーバー）が証明書ベースの認証を行うセキュリティプロトコルです。mTLSを利用すると、クライアントとサーバーがお互いの身元を確認するため、より安全な通信を確立できます。

　通常のTLS（Transport Layer Security）プロトコルでは、クライアントがサーバー証明書を検証し、サーバーの身元を確認します。しかし、mTLSでは、クライアントも自身の証明書を提供し、サーバー側でクライアントの証明書の検証が行われます。つまり、クライアントとサーバーが証明書を交換し、相互に認証を行います。

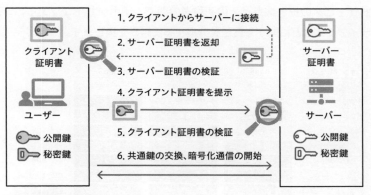

図9　相互TLSの通信

mTLSの通信手順は大まかに次のようになります。

1. クライアントがサーバーに接続
2. サーバーが自身の証明書（サーバー証明書）をクライアントに提示
3. クライアントがサーバー証明書を検証し、サーバーの身元を確認
4. クライアントが自身の証明書（クライアント証明書）をサーバーに送信
5. サーバーがクライアント証明書を検証し、クライアントの身元を確認
6. 身元確認が成功した場合、クライアントとサーバーは共通鍵暗号で使う鍵を交換してセキュアな通信を確立

mTLSは特に、サーバーがクライアントに対してID／パスワード以外の

認証を要求する場合に利用されます。たとえば、金融系のシステムやIoTのような仕組みにおいて利用されます。Webアプリケーションがユーザーの認証を行う際、クライアントから提示される証明書を利用して本人確認を行います。通信の両端で相互認証を行うため、よりセキュアな通信とデータの機密性が担保されます。

3-3-6　クラウドの共同責任モデル

　クラウドの共同責任モデル (Shared Responsibility Model) とは、クラウドサービスの提供業者とその利用者の間で、運用やセキュリティ、コンプライアンスなどに関する責任を分担する仕組みを指します。

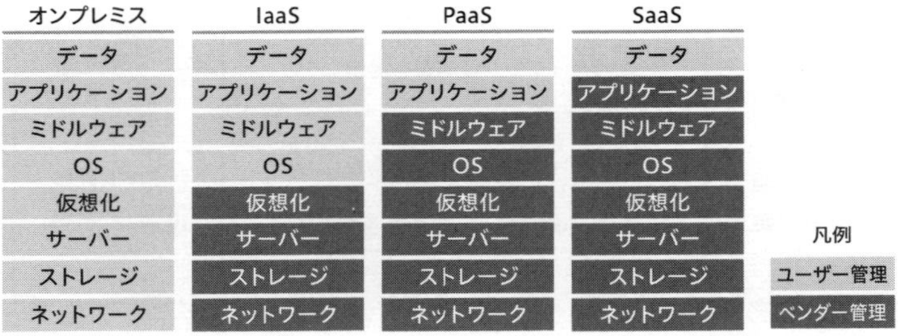

オンプレミス	IaaS	PaaS	SaaS
データ	データ	データ	データ
アプリケーション	アプリケーション	アプリケーション	アプリケーション
ミドルウェア	ミドルウェア	ミドルウェア	ミドルウェア
OS	OS	OS	OS
仮想化	仮想化	仮想化	仮想化
サーバー	サーバー	サーバー	サーバー
ストレージ	ストレージ	ストレージ	ストレージ
ネットワーク	ネットワーク	ネットワーク	ネットワーク

凡例
ユーザー管理
ベンダー管理

図10　共同責任モデル

　クラウド事業者は基本的にインフラストラクチャの運用やセキュリティを保証します。これには、データセンターの建屋自体、物理サーバー、ネットワークデバイス、ストレージなどの物理的なリソース、およびそれらの上で動作する基本的なソフトウェアが含まれます。

　一方、クライアント側が負う責任は、クラウドサービスの使用形態 (IaaS／PaaS／SaaS) に依存します。たとえば、IaaSを利用しているのであれば、OSより上位の管理を利用者の責任で運用、担保する必要があります。PaaSの場合、クラウド事業者でもう少し広い範囲を管理してもらえるため、利用者が考慮すべき対象はアプリケーション自体とそこで生成／利用されるデータの保護にとどまります。SaaSを利用する場合は、ほとんどをクラウド事業者の責任で管理してもらえるため、利用者が責任を負うのはデー

タの保護だけとなります。

　共同責任モデルでは、クラウド事業者と利用者の間で具体的にどのように責任が分担されるかを理解する必要があります。この違いを理解することにより、利用者は自分たちの運用やセキュリティ、コンプライアンスの要件を満たすためにどの範囲 (OS以上、アプリケーション以上、データのみ)に対してどのような設計／実装をすべきか検討できるようになります。

3

ゼロトラストアーキテクチャ

ゼロトラストを実践するためには、アプリケーション自体のセキュリティを強化する施策も必要となります。既存のオンプレミス環境の時代から行われてきたパッチ適用はもちろんのこと、できるだけ素早くセキュリティ強化（パッチ適用以外にもアプリケーション自体の脆弱性の除去など）ができるようにCI/CDにも取り組みます。また、クラウドサービスならではのポスチャ管理といったことも実践していく必要があります。

3-4-1　レガシーシステムの更改

ゼロトラスト化を進めていくと、これまで稼働していたオンプレミス上のサーバー群は小さな単位に区分け（マイクロセグメンテーション）されながら外部に公開され、インターネットと隣接するようになります。このような状況において、各サーバー環境に脆弱性が少しでも残っていると、当然、悪意あるユーザーにその脆弱性が狙われます。隙を突かれて社内システムに侵入されれば、データの窃取、改ざんが行われることになります。ゼロトラスト化を進めると、これまでは社内の閉域化された中にあるから大丈夫だと見ないふりをしてきた、サーバーで稼働しているOSやミドルウェアのアップデートが無視できないものになってきます。

ゼロトラスト化を実践していくにあたり検討すべきポイントには、次のようなものがあります。

- OS／ミドルウェアの脆弱性対策
  レガシーシステムの脆弱性スキャンおよびパッチ管理のプロセスを確立し、システムの脆弱性を特定して適切なパッチやアップデートを適用できるようにします。クラウドに移行するタイミングで一度実施したら終わりではなく、定期的に脆弱性評価とリスク評価を実施できる

ようにし、システムの脆弱性が常に最小化されるようにします。実装にはクラウドセキュリティポスチャ管理 (CSPM) を利用します。

- アプリケーション自体の脆弱性対策

  レガシーシステムの設計を見直し、セキュリティのベストプラクティスを適用します。これには、セキュリティフレームワークの導入や、セキュアコーディング、データの暗号化などが含まれます。アプリケーションの脆弱性を減らそうとすると、セキュリティの専門家を早い段階からプロジェクトに参画させ、DevSecOps を実践することはもちろん、開発中のアプリケーションに対して定期的に脆弱性診断ができるように CI/CD を組み込むことなども必要になります。

- リリースプロセスの脆弱性対策

  悪意あるユーザーが狙うのはシステムだけとは限りません。稼働しているシステムの開発中のソースコードやそのリリースプロセスも狙われます。稼働中のシステムのソースコードに悪意あるコードが埋め込まれないように、コードをコミットする際のレビュープロセスの強制や、リリースする際の該当作業ができるユーザーの分離、可能な限りの自動化 (CI/CD) を行い、かつ自己承認できないプロセスを構築します。

- 侵入されることを前提とした保護

  ゼロトラストの基本は侵入されることを前提とした保護です。アプリケーションを稼働させるサーバーも侵入されることを前提として、侵入されたと思われる状況をできるだけ素早く検知し、対処できるようにします。実践するには、クラウドワークロード保護プラットフォーム (CWPP) に含まれるふるまい検知などを利用します。

ゼロトラスト化を目指す場合、ID やネットワークだけでなくサーバー上で稼働するあらゆるものを疑い、脆弱性を排除するようにする必要があります。加えて、前述のいずれの観点も「現時点」だけ考慮すればよいわけではなく、「将来」にわたって脆弱性が混入しないような仕組み作りが重要です。

3

ゼロトラストアーキテクチャ

3-4-2　クラウドセキュリティポスチャ管理（CSPM）

　クラウドセキュリティポスチャ管理（Cloud Security Posture Management、CSPM）は、クラウドコンピューティング環境におけるセキュリティリスクを識別し、管理するためのツールやサービスを指します。

　クラウドサービスの利用が拡大してきた現在、その構成や運用の複雑性が増してきています。その結果、セキュリティ管理が非常に難しくなってきました。多くの企業では、オンプレミスだけでなく複数のクラウドプロバイダーを利用しているため、異なるプラットフォームの間で一貫したセキュリティを担保することはさらに困難を極めます。このような複雑化した状況において発生しがちなのが、クラウド環境の設定ミスです。設定ミスに起因するデータの漏えいや不正アクセスは頻繁に発生しています。CSPMは、こうした設定ミスを監視して修正を自動化することで設定ミスを減らし、セキュリティの強化に寄与します。

　前述のとおり、CSPMは、企業がクラウドに移行する際に適切なセキュリティとコンプライアンスを保持できるように支援するもので、次のような主要機能を提供します。

- 可視性
  CSPMはクラウド環境内に展開されたリソースを監視し、現状がどのようになっているのかについて詳細な情報提供を行います。これにより、組織は利用可能なリソースを把握し、未使用または過剰なリソースを特定できるようになります。
- リスク評価
  CSPMは、設定の間違いや脆弱性を特定し、リスクを評価します。この仕組みにより、運用担当者は会社が現在抱えているリスクを理解し、それに対処するための施策を検討できます。
- コンプライアンス監査
  外部に公開するサービスの中には、特定法規制（たとえばGDPR、HIPAA、PCI DSSなど）を遵守する必要があるものがあります。CSPMでは、これらの法規則の遵守状況を監査し、可視化します。
- 自動修復

いくつかのCSPMでは、検出した問題を自動的に修正する機能が提供されています。たとえば、検出した誤設定を自動的に修正したり、検出された脆弱性に対して修正パッチを自動的に適用して修復したりします。

CSPMは、組織がクラウド環境を効果的に保護、管理する際にさまざまな役割を果たします。クラウドを安全に利用していくためには、組織全体で脆弱性や法規制の遵守状況を可視化し、検出された問題への対応を進める仕組みと体制が必要になります。

3-4-3 クラウドワークロード保護プラットフォーム（CWPP）

クラウドワークロード保護プラットフォーム（Cloud Workload Protection Platform、CWPP）は、オンプレミス環境やマルチクラウド環境を含むハイブリッド環境で稼働する各種ワークロード（業務アプリケーションやファイルサーバーなど）のセキュリティを保護するためのソリューションです。CSPMが主にインフラ環境全体に対する設定ミスやポリシーの遵守に対応しているのに対し、CWPPは各サーバー内の脆弱性対策やマルウェア対策に対応しています。

CWPPが登場した背景にもCSPMと似たような状況があります。

オンプレミスだけでなくクラウド環境も利用するケースが急増する中、さまざまな環境でアプリケーションが稼働するようになってきました。加えて、アプリケーションを稼働させる仕組みにも、これまでの仮想化サーバーだけでなく、クラウドネイティブな技術としてコンテナやサーバーレスアーキテクチャといった新しい技術が登場してきました。こうした新しい技術は開発と運用のプロセスに大きな変化をもたらし、開発の速度と効率性の向上につながっています。一方で、新たなセキュリティリスクももたらしました。たとえば、新しいアーキテクチャに応じて新しい脆弱性やマルウェアへの対策が必要になったり、開発速度の向上で新たな脆弱性を検出、追跡、修正していくことが難しくなったりしています。CWPPでは、継続的に個々のワークロードに対して侵入の防止、検知、脆弱性の管理な

どを行うことでセキュリティを強化します。

CWPPは一般的に次のような機能を提供します。

- 脆弱性管理

  CWPPは、システムの脆弱性スキャンおよび管理の機能を提供します。この脆弱性スキャンでは、実稼働しているシステムだけでなく、リリース前のコンテナ内のシステムも対象とできます。こうした機能により、企業はワークロードの脆弱性を定期的に確認、評価、軽減することができます。

- マルウェア対策

  CWPPは、マルウェアの侵入の防止や異常な動作の検出などの機能を有し、潜在的な脅威や攻撃を検出してブロックします。単純なパターンマッチだけでなく、動作中のソフトウェアのメモリを監視して挙動の疑わしいものに関して発報し、ブロックすることも行います。

- マイクロセグメンテーション

  ネットワークの分割（マイクロセグメンテーション）を行うことで、侵入されたあとの水平移動を制限し、セキュリティレベルを高めることができます。CWPPではネットワークのマイクロセグメンテーションをサポートするネットワーク通信の許可／拒否の推奨設定に関する情報を提供します。

CWPPは、企業がクラウド環境内でワークロードを安全に運用、管理していくために重要な機能を提供します。特にワークロード内の脆弱性対策やマルウェア対策といった観点に対応しています。

| Column | 2種類のネットワーク分割 |

ネットワーク分割には、「ネットワークセグメンテーション（南北方向または垂直方向の分割）」と「マイクロセグメンテーション（東西方向または水平方向の分割）」の2つの考え方があります。それぞれの分割には次のような違いがあります。

- ネットワークセグメンテーション
  一般的にいわれる、インターネット（外側）と社内ネットワーク（内側）

の二分割です。従来の境界型セキュリティで基本となる切り分け方法で、外から中に入った瞬間から信頼されます。

● マイクロセグメンテーション

同じ社内ネットワーク（内側）でも、環境（オンプレミスや各クラウド環境）やワークロードの種類によってネットワークを分割する方法です。あるアプリケーションで認証認可されたとしても、隣のアプリケーションは別環境となるため、再度認証認可が必要となります。SSOを用いることで透過的に認証認可を行えます。

境界型セキュリティの問題点でよくいわれるのが、一度侵入されたあとのラテラルムーブメント（水平移動または侵入拡大）です。これを防ぐためには水平方向のネットワークの分割も必要になります。

ゼロトラストを目指す場合、ネットワークセグメンテーションだけでなくマイクロセグメンテーションもあわせた垂直方向と水平方向の両方のネットワーク分割が重要です。

3

ゼロトラストアーキテクチャ

3-4-4 リポジトリの保護

リポジトリには、企業活動で利用されるアプリケーションのソースコードやそれを稼働させるための設定情報など重要な情報が保管されています。リポジトリの保護は、企業活動におけるこれらの重要な情報を不正アクセスや損失から守るためのプロセスを指します。保護策には、アクセス制御、データの暗号化、秘匿情報の管理、システムの更新／パッチ適用、インシデント対応、ログ／監査、セキュアな開発プラクティス、ビルドパイプラインのセキュリティなどが含まれます。

ゼロトラストの検討を始めると、ネットワーク的な対策や、クライアントや稼働中のサーバーに対する対策がどうしてもイメージとして先行しがちですが、サーバーにデプロイするアプリケーション自体やデプロイプロセスの保護も重要な要素です。

リポジトリは、企業や組織において重要な知的財産であり、企業活動を支える重要な資産でもあります。したがって、これらの情報が漏えいしたり、改ざんされたりすると、組織は重大な金銭的損失やブランドイメージの毀損を被る可能性があります。また、悪意あるユーザーがリポジトリにアク

セスした場合、システムの脆弱性を突くための情報を得ることができ、セキュリティが侵害されるリスクが高まることにもなります。こうした背景から、アプリケーションをデプロイする環境の保護だけでなく、アプリケーションそのものやデプロイプロセスに対する保護も必要になってきます。

　リポジトリの保護を検討する際に気をつけるべきポイントとしては、次のようなものが考えられます。

⬢ アクセス制御

　誰がリポジトリにアクセスできるかを制御し、適切な認証と権限の管理を行います。これには、ユーザーの離着任に応じた権限の付与／剥奪も含まれます。また、権限を付与する際には最小権限の原則を適用し、ユーザーが必要とする最低限の権限のみを適用するようにします。

⬢ データ暗号化

　保管されるデータは、伝送中および保存時のいずれにおいても暗号化する必要があります。これは、データが傍受された場合でも、サーバーが物理的に奪取された場合でも、データを保護することに役立ちます。昨今メジャーなリポジトリの1つであるGitのSaaSであるGitHubは、執筆時点では標準でデータの暗号化に対応しています[*1]。

⬢ 秘匿情報の管理

　システム開発における重要な情報に、データベースや外部サービスへの接続情報があります。通常、Excelなどに保管されてアクセス権が制御されていますが、実際のクラウド環境内でも同様のアクセス制御が必要です。クラウドサービスには秘匿情報をアプリケーションから分離して管理できる仕組み（AWS KMS、Azure Key Vault、GCP Cloud Key Management）があるので、そうしたサービスを利用し、アクセス権のより細かい制御を行います。

＊1　Git data encryption at rest
　　 https://github.blog/changelog/2019-05-23-git-data-encryption-at-rest/

◆ セキュアな開発プラクティス

　コミットされたソースコードに対してセキュリティスキャンを行い、コード内に潜在的な脆弱性がないかを定期的にチェックします。また、セキュアな開発プラクティス（IPAの「安全なWebサイトの作り方[*2]」など）を維持し、リポジトリ内に機密情報（APIキー、接続文字列、パスワードなど）を含めないようにします。こうした仕組みを実践するためにはCI/CDによる自動化が欠かせません。CI/CDを使った自動化プロセスの中で、脆弱性診断や機密情報が含まれていないかのチェックなどを行います。GitHub Actionsであれば、OWASP ZAPやTrivyなどを利用できます。シークレットのアップロードに関してはgit-secretsなどを利用できます。

◆ ビルドパイプラインのセキュリティ

　ソースコードリポジトリからビルド／デプロイする際のパイプラインに対するセキュリティも重要です。機密情報を含む設定ファイルの内容やクレデンシャルがパイプラインの実行ログで暴露されないように管理する必要があります。また、パイプライン自体も実行できるユーザーを限定し、場合によっては承認プロセスを入れるなど、セキュリティ侵害から保護されるようにします。

◆ ログと監査

　リポジトリのすべてのアクセスと操作を記録し、異常なパターンや潜在的なセキュリティ侵害がないかを監視します。ゼロトラストにおいてログはさまざまな場所に分散してしまうのでSIEM（「3-6-1 セキュリティ情報イベント管理（SIEM）」で解説）を利用して一元的に集約し、侵害の検知や応答を自動化できるようにします。

◆ システム更新／パッチ適用

　リポジトリを自社でホストしている場合、そのシステム自体やホストされるリポジトリソフトウェアにセキュリティ上の問題が発見されたとき、

＊2　https://www.ipa.go.jp/security/vuln/websecurity/about.html

3

ゼロトラストアーキテクチャ

速やかに更新やパッチの適用を行う必要があります。こうした活動により、新たな脅威からリポジトリシステム自体を保護できます。

● インシデント対応

　もしものときに備えて、セキュリティ侵害が発生した場合の対応プロセスを確立します。これは、問題の早期発見と迅速な対応を可能にし、被害を最小限に抑えることに役立ちます。

　リポジトリの保護は、組織の知的財産やシステムの詳細情報を守るための重要なプロセスです。アクセス制御、データの暗号化、監査・ロギング、セキュアな開発プラクティス、システムの更新とパッチの適用、インシデントレスポンスプロセスなどを適切に行うことで、リポジトリの安全性を確保できます。これらの措置は、ゼロトラスト環境の一部としても機能し、組織全体のセキュリティを強化します。

3-4-5　CI/CD

　CI/CDとは、「継続的インテグレーション（Continuous Integration）」および「継続的デリバリ／デプロイ（Continuous Delivery/Deployment）」の略で、ソフトウェア開発のプロセスを自動化し、効率性と信頼性を高めるためのアプローチを指します。CIは新たに書かれたコードを定期的にメインラインに統合し、コードの変更ごとに自動的にビルドとテストを行うことで、エラーや問題を早期に検出します。CDは、新たに統合されたコードをプロダクション環境に自動的にデプロイする、またはステージング環境での確認を経て手動または自動でデプロイするプロセスです。

　CI/CDは、早期にエラーを検出し、それを迅速に修正する能力を提供するため、セキュリティ面で利点があります。特に、セキュリティテストをCI/CDパイプラインに組み込むことで、新しいコードや更新されたコードが既存のセキュリティポリシーに適合していることを確認できます。これにより、アプリケーションに紛れ込む脆弱性を早期に特定し、修正することが可能になります。

　ゼロトラストの実践において、アプリケーション自体の脆弱性を減らす

ために、CI/CD パイプラインにセキュリティテストを組み込むことには、コストを下げながらセキュリティ対策を行うという意味があります。

　セキュリティ向上の観点で CI/CD を検討する際のポイントには、次のようなものがあります。

- 定期的なセキュリティ検査
  CI/CD パイプラインにセキュリティ検査（静的コード分析、依存関係のチェック、動的分析、脆弱性検査など）を組み込むことで、セキュリティ上の脆弱性についてコードが自動的に評価されます。実際に組み込む際は検査内容と頻度を考慮する必要があります。コミットしたソースコードに対する静的コード分析などは頻繁に実行したいものですが、利用しているミドルウェアは頻繁に変更されるものではないので、あまり高頻度に脆弱性検査を実施する必要はありません。要件に照らして検査内容と頻度を決めます。
- コンプライアンスの強化
  CI/CD パイプラインをうまく利用すると、開発プロセスにコンプライアンス要件を組み込むことが可能になります。たとえば、会社や法令で定められるルールに準拠しているかのチェックリストを使った合致確認を自動またはレビュープロセスの強制によって実現できます。こうしたプロセスの自動化や強制により開発者はコンプライアンスを維持しやすくなります。
- 人の介在を削減
  CI/CD を実践すると、人の手が介在しなくなるので、まず人為的なミスを減らせます。加えて、人が介在しなくなることでコードを改ざんする機会も減らせます。人が介在するということはそれだけでミスや付け入る隙を作ることになります。つまり、自動化してデプロイまでのプロセスを構築することそのものがセキュリティの強化になります。
- ログと監査
  CI/CD パイプラインでは、すべてのコードの変更とデプロイのログが記録され、それらがいつ、どのように、誰によって行われたかを特定できます。これは、セキュリティインシデントが発生した場合の原因の調査や問題の解決に役立ちます。

3

ゼロトラストアーキテクチャ

CI/CDは、一般的には「開発速度の向上」といった点で議論されやすいテーマですが、この仕組みをうまく活用すると、早期に脆弱性を検出し、迅速に修正する能力が手に入り、セキュリティの強化に役立ちます。ゼロトラストを実践しようとするときには、アプリケーション自体のセキュリティを維持、向上させるために、CI/CDパイプラインの実装と運用が不可欠となります。

3-4-6　DevSecOps

DevSecOpsは、開発 (Development)、セキュリティ (Security)、運用 (Operation) を略した言葉で、開発から運用に至るまでのソフトウェア開発のライフサイクル全体に対してセキュリティ対策を統合し、開発スピードを失わずにセキュリティの強化を行う開発アプローチを指します。開発の初期段階からセキュリティを考慮するため、より安全なアプリケーション開発につなげられます。

従来の開発プロセスでは、開発作業 (コーディング) が終わってから機能テストやセキュリティテストが行われたため、問題が発見されたときには修正が困難でコストが高くなることがありました。こうした問題への対策として登場した考え方が「Shift Left」です。これは、開発の初期段階からセキュリティに関する問題の特定と改善を実践していこう、という考え方です。

Shift Leftは、ソフトウェア開発のプロセスにおいて問題の特定と解決を初期段階に移すという概念を指します。Shift Leftの名称は、ソフトウェア開発のライフサイクルを時間軸に沿って左から右に描いたとき、活動を「左」(つまり初期段階) に「シフト」するという視覚的な表現からきています。

DevSecOpsはソフトウェア開発のライフサイクル全体を通してセキュリティを考慮するアプローチであるため、セキュリティのShift Leftの実践であるといえます。

DevSecOpsを実践する際のポイントには次のようなものがあります。

- カルチャーとマインドセットの変革
  DevSecOpsを成功させるには、組織全体の文化やマインドセットの

変革が必要です。セキュリティはすべてのチームメンバーの責任であり、全員がセキュリティに対する意識を持つことが重要です。

- 自動化ツールの適用

  CI/CDでも解説したとおり、DevSecOpsの実践において、セキュリティ検査の自動化は中心的な役割を果たします。セキュリティ検査を自動化する適切なツールを導入し、パイプラインを実装することはセキュリティ向上の観点で重要です。

- 継続的な学習と改善

  セキュリティに関するプラクティスは絶えず進化しています。最新のセキュリティトレンドを追跡し、プロセスとツールを継続的に更新・改善する必要があります。これには自動化ツールの改善だけでなく、開発者や関係者といった人のスキル改善も含まれます。

　DevSecOpsは、開発、セキュリティ、運用のフェーズを統合し、セキュリティをソフトウェア開発のライフサイクル全体に組み込むアプローチです。これにより、セキュリティリスクの早期発見・解消、高速な開発サイクル、法令遵守の容易さなどの利点を享受できます。DevSecOpsの導入を検討する際には、組織全体のカルチャーとマインドセットの変革、自動化ツールの導入、そして継続的な学習と改善への意識が重要となります。特にゼロトラスト環境を目指す際には、DevSecOpsの実践が重要な役割を果たします。

3

ゼロトラストアーキテクチャ

3-5 データの保護

データの保護には、保管するストレージの保護、データの漏えいの防止、データガバナンスといった観点があります。ゼロトラストを実践していく場合、端末やネットワークの制御だけでなく、こうしたデータレベルでの保護も検討します。

3-5-1 ストレージ暗号化

ストレージの暗号化では、データをストレージに保管する際に暗号化して保存し、物理的な奪取が行われたとしてもデータが読み取られないようにする仕組みを検討します。暗号化は基本的にディスク全体で行いますが、場合によってはドライブ単位やファイル単位で行うケースもあります。暗号化には鍵を使い、正しい鍵を持っていなければ復号はできません。鍵は通常TPMなど専用のハードウェアに保管されますが、クラウドサービスの場合は、鍵を持ち込めるように専用の鍵保管サービスが用意されており、そうした専用のサービスを利用します。

ストレージの暗号化は、データの盗難や漏えいを防ぐために重要なセキュリティ手段です。物理的なデバイスが盗まれた場合や、不正アクセスがあった場合でも、暗号化されていればデータは安全です。また、規制や法律でデータの保護が求められる場合、暗号化が役立ちます。ゼロトラストでは、すべてのリソースへのアクセスが検証されるべきであり、ストレージの暗号化は正しい鍵を持った人しかアクセスできないという意味で、ゼロトラスト環境の一構成要素といえます。

ストレージの暗号化を検討する際には、次のような観点があります。

- 暗号化方法
  暗号化の対象範囲としてディスク全体、ドライブ単位、ファイル単位

のいずれかを検討します。目的や要件に応じて最適な方法を選択する必要があります。

ディスク全体であれば、暗号化の実施漏れが防げ、確実にすべてのファイルが暗号化された状態でディスクに保存されます。ただし、この方法は暗号化と復号が透過的なので、外部メディアなどにファイルを移動されると暗号化されていない状態で取り出せます。

ドライブ単位の場合、ディスク全体に近い操作感になりますが、保存先を間違えると暗号化されないので注意が必要です。

ファイル単位の場合、通常は専用ツールを利用します。意図的に暗号化処理を実行する必要があるのでやや手間がかかります。

- 鍵管理（キーマネージメント）

  暗号キーの生成、配布、保管、更新、削除などの処理方法は、非常に重要な検討ポイントです。鍵が流出した場合、迅速に鍵を更新する必要があり、こうした作業の方法はあらかじめ確認しておく必要があります。

- パフォーマンス

  暗号化は計算コストがかかるため、システムのパフォーマンスに影響を与える可能性があります。そのため、暗号化の影響を評価し、ハードウェアやソフトウェアを適切に調整する必要があります。

ストレージの暗号化はデータの保護を強化する重要な手段であり、特にゼロトラスト環境では欠かせません。選択する暗号化方法、鍵管理、パフォーマンスへの影響など、実装時には多くの点を考慮する必要があります。これらのポイントを理解し、要件に適したストレージの暗号化のソリューションを選択することが重要です。

3-5-2　データ漏えい防止（DLP）

データ漏えい防止（DLP）は、会社が保有する機密情報や重要データの紛失や組織外への持ち出しを防ぐためのソリューションです。DLPでは守るべきデータを特定し、監視することで漏えいを防止します。監視対象に設定されたデータは、ネットワークトラフィック、エンドポイントデバイス、

3

ゼロトラストアーキテクチャ

ストレージなどさまざまな場所や方法で監視されます。

　機密情報の漏えいは組織にとって重大なリスクとなります。たとえば、法規制に対する違反、ブランドイメージの毀損、財務的損失、顧客信頼の低下など、多くの潜在的な影響が含まれます。また、現在の組織はますます大量のデータを生成し、保存しており、そのすべてが潜在的なリスクとなり得ます。DLPは、これらのリスクを管理し、組織がデータを安全に扱うための重要な手段となります。

　一般的なDLPソリューションは、次のような基本機能を持っています。

- ポリシーベースの制御

    DLPソリューションは、定義されたポリシーに基づいてデータの分類やデータトラッキングを行います。たとえば、特定の種類のデータが外部に送信されることを防ぐ、特定のユーザーが機密データにアクセスするのを制限するといったシナリオを設定できます。

- データ分類

    DLPは、機密データや重要なビジネスデータを自動的に特定し、分類する機能を持ちます。これには、定義されたルールやパターンマッチング、機械学習などを利用している場合があります。

- データトラッキング

    DLPソリューションは、データがネットワークを通じてどのように移動し、エンドポイント、クラウド、オンプレミスのストレージなどでどのように使われているかを監視します。

- インシデントレポートとアラート

    DLPソリューションは、ポリシー違反や疑わしい行動をリアルタイムで検出し、アラートを発報します。この仕組みにより、組織は迅速に情報漏えいに対応できます。

　DLPは、データ漏えいのリスクを管理し、法規制の遵守、ブランドイメージの保護、顧客信頼の維持を助ける重要なソリューションです。DLPは、ポリシーの設定と管理を通じて、保護すべきデータの監視、レポートを行います。これらを通じて、組織が本当に守りたいデータを安全に管理、運用できるようにしてくれます。

3-5-3　データガバナンス

　データガバナンスは、企業や組織で扱うデータの質、整合性、セキュリティ、プライバシーを保証するための管理フレームワークです。データの所有権、役割と責任、データの使用と保存のポリシーと手順、データの標準化、データへのアクセス権などに関するガイドラインと規則を明確に設定し、それを一貫して適用します。

　デジタルトランスフォーメーション (DX) の加速とともに、企業内のあらゆる部門でデータの収集、蓄積、利用が増えています。これらのデータは、業績の向上や新たなビジネスチャンスの創出において重要な資源であり、その効果的な活用は企業の成功に直結します。しかし、データの活用はその管理方法に大きく依存しています。データガバナンスは、データの活用による成果を最大化し、同時にそのリスクを最小化するために不可欠な要素です。

　データガバナンスを組織に導入する際の検討ポイントには次のようなものがあります。

- ビジネス目標との整合性
  データガバナンスはビジネスの戦略や目標を支えるもので、ビジネスのニーズを満たすように設計されていることが重要です。データをとにかく集めればよいわけではなく、ビジネスの戦略を検討するうえで必要なデータを適切に集められるようにします。
- 役割と責任
  データ所有者、データ消費者などの役割と責任を明確にします。データに対する説明責任、アクセスポリシー管理など必要な役割を洗い出して、担当を割り当てます。
- データ品質管理
  データの品質を維持・改善するためのポリシーと手順を設定します。データの品質が下がれば正しい結果が得られず、長期的に見ると使われなくなってしまいます。
- データセキュリティとプライバシー
  データへのアクセス権限の管理、データの保護に関するガイドライン

3

ゼロトラストアーキテクチャ

とポリシーを明確にし、保守運用を行います。

- 法規制の遵守

  GDPRやHIPAA、PCI DSSなど、サービスを提供している国や業界によって守るべき法規制や規準があります。こうしたルールを遵守するためのポリシーと手順を準備する必要があります。

データガバナンスは、データの質、整合性、セキュリティ、プライバシーを管理し、企業のビジネス戦略と目標の達成をサポートするためのフレームワークです。導入を検討する際には、ビジネスの目標との整合性、役割と責任の明確化、データの品質管理、データセキュリティとプライバシーの保護、法規制の遵守などが重要なポイントとなります。データガバナンスの導入により、データを最大限に活用し、ビジネスのリスクを最小限に抑えることが可能となります。

ゼロトラスト化を進めていくと管理単位が細かくなり、ログが分散するうえ大量になってきます。分散した大量のログのままでは、脅威の検知が遅れる懸念があるだけでなく、侵害されたときの調査も大変です。運用監視の仕組みも、ゼロトラストを実践していく際には集約や自動化の見直しが必要になります。

3-6-1 セキュリティ情報イベント管理（SIEM）

セキュリティ情報イベント管理（Security Information and Event Management、SIEM）とは、企業が運用する各種システムに関するセキュリティイベントを一元的に記録、監視、分析するソリューションです。SIEMは一般的に、ネットワークに接続されている各種デバイスで出力されるログとセキュリティデータを収集し、統合してリアルタイムに分析を行います。これにより、異常な活動や潜在的なセキュリティの違反を特定し、必要に応じてアラートを発報できます。

急速に進化し、複雑化するサイバーセキュリティの脅威、クラウド導入の加速、リモートワークの増加によるネットワーク環境の分散といった環境の変化に対応するために、ゼロトラストネットワークアーキテクチャが注目されました。ゼロトラストでは、各ワークロードをセグメンテーションに分割し、個々にセキュリティを高めた状態にします。この状況では、ログやセキュリティデータが分散してしまっており、会社や組織として見た際に攻撃の検知や調査が困難になります。そこで必要となるのがSIEMのようなセキュリティ管理ツールです。

一般的なSIEMシステムでは、次のような基本機能が提供されます。

- イベント収集

SIEMは、分散した各種ワークロードやIT機器からセキュリティイベントを収集し、関連するイベントをまとめてグループ化する機能を持っています。製品によっては、各種IT製品との接続をサポートする仕組みを持っているものもあります。SIEMは、インベント収集の仕組みを使って複数のソースからログデータを収集し、一元的に管理し、セキュリティ状況の可視性を向上させます。

- イベント分析

  SIEMは、集めたログやイベントデータを詳細に調べ、異常な活動やセキュリティの違反を特定します。たとえば、特定パターンの検出、異常な行動の特定、ログ間の相関分析などを行います。分析にはAIを使っているケースもあります。また、検出されたインシデントの詳細を分析するため、ログの調査を支援する機能もあります。

- アラートと通知

  SIEMは、特定のパターンや異常な行動を検出したときに、リアルタイムでアラートを生成します。SIEM単体で必要なアラートを賄える場合は単体で完結しても問題ありませんが、電話など特殊な発報先がほしい場合は別のサービスとの組み合わせを検討します。

- ダッシュボードとレポート

  SIEMは、セキュリティ状況を視覚化するためのダッシュボードを有し、セキュリティ状況をまとめたレポートを作成する機能を持っています。

SIEMは、企業が保有するIT環境のセキュリティ状況をリアルタイムで監視し、異常な活動を検出する能力を提供します。これにより、早期にセキュリティインシデントに対応し、規制の遵守を支援し、事後分析に基づく改善を可能にします。ゼロトラスト環境を構築するにあたり、分散したログやセキュリティデータを一元化するSIEMシステムの導入は重要な要素になります。

3-6-2　ユーザーおよびエンティティの行動分析（UEBA）

ユーザーおよびエンティティの行動分析（User and Entity Behavior Analytics、UEBA）は、機械学習を用いて組織内のユーザー（従業員やパー

トナーなど）やエンティティ（システム、デバイスなど）の行動を分析し、
異常な行動を検出するセキュリティ技術です。UEBAは潜在的な脅威やイ
ンシデントを特定し、それらをリスクと関連付けるために統計的なプロファ
イル（ベースライン）を使用して個々の行動を評価します。UEBAが求めら
れる典型的な利用例は、組織を退職するユーザーの機密データの持ち出し
を検知する使い方です。

　伝統的な境界型セキュリティの対策では、ユーザーやエンティティの異
常な行動を検出するところまで対応していなかったので、これがセキュリ
ティ侵害の一因となっていました。UEBAは、個々のユーザーやエンティ
ティのベースラインを学習し、その基準から逸脱する行動を自動的に検出
します。これにより、内部者による脅威、高度化・巧妙化するサイバー攻撃、
分析すべきログやイベントデータが多いことによる見逃しなど、潜在的な
問題を早期に識別し、リスクを軽減することができます。

　UEBAが提供する代表的な機能には次のようなものがあります。

- 異常行動検出
  ユーザーやエンティティの行動パターンが通常時から逸脱する場合、
  自動的に検知し、発報します。検知に利用する「通常時の行動パターン」
  を学習する必要があるため、UEBAは利用を開始してすぐに使えるわ
  けではなく、一定の学習期間を終えたのちに利用可能となります。
- タイムライン分析
  ユーザーの行動やセキュリティイベントを時間的な視点で追跡し、全
  体像を把握できるようにします。

　UEBAは、組織内のユーザーやエンティティの行動を分析し、異常な行
動を検出する重要なセキュリティツールです。機械学習を活用してリスク
を検出し、評価します。これにより、組織は早期に問題を特定し、適切に
対応することが可能となります。ゼロトラストを目指し、複数のIT資産か
ら大量のログをSIEMに収集しても、人手が介在すると限界があります。
UEBAを導入することで検知の自動化を進め、セキュリティレベルの向上
を図る必要があります。

3

ゼロトラストアーキテクチャ

3-6-3　セキュリティオペレーションセンター（SOC）

　セキュリティオペレーションセンター（SOC）は、企業や組織のセキュリティ戦略を実行し、監視、検知、対応、復旧などのセキュリティオペレーション業務を担当するセキュリティチームです。

　SOCの主な役割は、ネットワーク、システム、アプリケーションなどのセキュリティイベントを監視し、異常なアクティビティや攻撃を検知し、それに対処することです。SOCは、セキュリティインシデントへの迅速な対応や情報の共有を促進することで、セキュリティの脅威への迅速な対策を実現します。

　セキュリティインシデントの増加や高度化により、会社はより効果的なセキュリティ対策を求めるようになりました。SOCは、早期の攻撃の検知と迅速な対応を可能にし、セキュリティインシデントの被害を最小限に抑えることを目指した組織です。また、法的な規制や業界のコンプライアンスの要件を遵守するためにも、SOCは必要不可欠です。実際は、企業規模や会社が保有する情報の種類によって、SOCが組織として存在するかどうかの状況は異なります。会社規模が大きかったり、個人情報を扱うような会社だったりすると、専門組織としてSOCに相当する組織が存在したりします。

　SOCが適切に役割を果たせるようにするためには、次のような機能を備えていることが重要です。企業規模や組織の扱う情報の種類によって組織としてSOCが存在するかどうかは異なりますが、次の観点は運用監視の体制を考えていくうえで少なからず必要となる要素です。

- ログの管理と監視
  ネットワーク、システム、アプリケーションのログを収集し、異常なパターンや攻撃の兆候を検知する能力が必要です。
- インシデント管理
  セキュリティインシデントの報告、追跡、対応を行うための体制が必要です。脅威を除去したあとには振り返りを行い、改善活動につなげるプロセスも必要です。

- 脅威情報の管理

  最新の脅威情報を収集し、組織のセキュリティ対策に活用する能力が求められます。

- 脆弱性管理

  システムやアプリケーションの脆弱性を特定し、適切なパッチの適用や脆弱性対策を実施する機能が必要です。

セキュリティオペレーションセンター（SOC）の体制を構築する際のポイントは次のとおりです。

- 適切な人材の確保

  セキュリティの専門知識を持ったチームを組織する必要があります。組織として必要なスキルを最初に洗い出し、現状の人員のスキルを鑑みながら役割を割り当てます。不足する部分は採用か教育を行うことで補います。

- プロセスと手順の策定

  インシデント対応や監視のための手順やプロセスの策定を行い、作成したドキュメントを共有します。

- ツールの導入

  ログ管理、脅威インテリジェンス、脆弱性管理など、セキュリティオペレーションに必要なツールを選定し、既存システムとの統合を行います。

- 脅威インテリジェンスの活用

  最新の脅威情報を収集し、現環境に反映していきます。最初は手動で毎週や毎月チェックするかもしれませんが、手作業には限界があるので、自動的に情報を収集してチェックできる仕組み（CSPMなど）を検討します。

- 継続的な改善とスキル向上

  セキュリティは、常に新しい技術や攻撃、対策が出てくる世界です。SOC体制のチームメンバーの継続的なスキルの向上のために、訓練や教育プログラムの実施やリソースの活用を行います。

3

ゼロトラストアーキテクチャ

SOCの構築は、ゼロトラスト環境を目指す一環として重要なステップです。SOCは、セキュリティインシデントの監視、検知、対応を担当し、組織の情報資産を保護します。SOCの機能としては、ログ管理、インシデント管理、脅威情報の管理、脆弱性管理などがあります。体制構築のポイントは、適切な人材、プロセスと手順、ツールとテクノロジーの導入です。SOC体制の構築により、組織のセキュリティレベルがより向上することが期待できます。

ゼロトラストへの移行

　これから既存の境界型セキュリティをゼロトラストにアップデートして
いくにあたり、どのようなことを検討する必要があるのか、大まかなステッ
プをもとにそのポイントを解説します。

4-1-1　ゼロトラストに移行するステップの概要

　ゼロトラスト化を実践するには、大きく2種類のアプローチがあります。
1つは「ゼロからの構築」で、もう1つは「既存環境からの移行」です。ゼロ
から構築できるのは、ベンチャー企業や新興企業など新規にシステムを開
発していくようなパターンに限定されます。通常の企業では、既存のシス
テムがあるので、徐々に移行していくアプローチになります。世の中のほ
とんどのケースは「既存環境からの移行」となることが想定されるので、本
書ではこちらをベースに移行のプロセスを検討していきます。

　ゼロトラストへの移行の基本的なアプローチは次のとおりです。

1. 既存システムの現状把握、評価

　ビジネス要件とセキュリティ目標を明確に評価します。また、既存シ
ステム（クライアント、オンプレミス、クラウドなど）、ネットワーク
トラフィック、アプリケーションの依存関係、アクセスコントロール
など、現状のシステム全体の分析も行います。

2. ゼロトラストの導入計画

　現状を把握した結果を踏まえ、ネットワーク、アイデンティティとア
クセス管理、データ、アプリケーション、エンドポイントのゼロトラ
ストアーキテクチャの設計を行います。また、セキュリティポリシー
とコントロールを定義し、自動化も計画していきます。

3. ゼロトラストの実装

計画に従ってゼロトラストモデルを実装し、テスト・検証を行い、問題や不具合を特定します。全体のネットワークにゼロトラストモデルを展開し、運用データに基づいた最適化を行います。最後に、運用を始めるにあたり継続的な監視と評価を実装し、集まったデータを通じてゼロトラストモデルの更新・改善を行います（＝1に戻って再度やり直す）。

　基本的なアプローチは前述のとおりですが、ゼロトラストへの移行においてそのほかにも気をつける点があります。

- 大きな目標、小さなステップ
  前述のアプローチを使って一気にすべてのリソースをゼロトラスト化することは不可能です。最終的なゴールは大きく設定しても、実際のアプローチでは影響の少なそうなシステムから試していきます。つまり、この移行のアプローチは一度ですべてやりきることを前提としていません。ゼロトラスト成熟度モデルでも紹介したとおり、移行のステップを何度も繰り返しながら成熟度を上げていき、ゼロトラストへの完全移行を目指します。
- 責任者を決める
  ゼロトラストへの移行は数年単位での計画となり、対応すべき内容も広く多岐にわたります。専任のチームを組んで対応していく必要があります。

4-1-2　既存システムの現状把握、評価

　最初にビジネス要件とセキュリティ目標を明確に評価します。加えて、既存のハイブリッド環境、ネットワークトラフィック、アプリケーションの依存関係、アクセスコントロールなどを分析します。これにより、最終的な目標と現状のギャップを理解し、ゼロトラストを導入するためのステップを検討できるようになります。

- ビジネス要件とセキュリティ目標の理解

組織がどのようなビジネス要件を持ち、どのようなセキュリティ目標を達成したいのかを明確に理解する必要があります。セキュリティは事故が起きない限り必要性が目に見えてきづらいため、投資判断が難しい場合があります。また、セキュリティと利便性が相反するケースもあります。安全なリモートワーク環境の構築、ランサムウェアへの対策がなされたファイル共有の構築、法規制にのっとったデータ分析環境の構築など、ビジネス要件を最初に定義することで、ゼロトラストを導入する目的と具体的なニーズを理解するための基盤となります。

- 既存IT環境の分析

  ゼロトラストの導入に先立って、既存のIT環境を深く理解することが重要です。たとえば、ネットワーク構成、アクセスポリシー、アプリケーションの依存関係、エンドユーザーのデバイスなどが含まれます。現状のITインフラ環境の分析はもちろん、これらに加えて、セキュリティリスクの分析も行います。たとえば、ID、デバイス、ネットワーク、アプリケーション（ワークロード）、データといったカテゴリごとにゼロトラスト成熟度のどの位置にあるのかを分析してみます。

- リソースと能力の評価

  ゼロトラストの導入に必要な予算や時間、ツール／サービス、組織的な能力（人の能力）などを評価します。これには、スキルを持ったスタッフ、適切なツールやソリューション、適切な予算や時間の確保が含まれます。ただ、実際は不足したり間に合わなかったりとさまざまな状況が考えられます。スキル不足などは教育や採用などで賄えるケースもあります。最終的なゼロトラスト化を目指すにあたり必要なものを洗い出します。

これらの検討と評価を通じて、現状のIT環境と組織的なニーズへの理解を深め、実現するためのリソースについて把握できます。この段階で把握した内容をもとに次のステップでゼロトラストアーキテクチャの設計や、セキュリティポリシーとコントロールの定義、ゼロトラストソリューションの選択などの計画をしていきます。

4-1-3　ゼロトラストの導入計画

目標を設定し、現状を把握できたところで、その間にあるギャップを埋めるための計画の立案を行います。社内業務システムは多岐にわたるので、一度にすべてを完全なゼロトラストアーキテクチャに移行させることはできません。最初は取り組みやすそうな、業務への影響が少ないシステムやサーバーを選定し、ゼロトラスト化を試していきます。

ゼロトラストへの移行計画を考える際の観点には、次のようなものがあります。

- ゼロトラストアーキテクチャ設計

  ゼロトラスト成熟度モデルで取り上げた5つの柱（アイデンティティ、デバイス、ネットワーク、アプリケーションとワークロード、データ）および3つの共通機能（可視性と分析、自動化とオーケストレーション、ガバナンス）について計画を作成します。前述のとおり一度にすべてはできないので、重要度や影響度を鑑みて検討します。どれを次のどのレベルまで引き上げるのか、という観点で考えると計画しやすいでしょう。

- ゼロトラストソリューションの選択

  計画を実現するために必要となる、ゼロトラストをサポートするソリューションを選定します。ゼロトラストを実現するためのソリューションは1つでは収まりません。複数のソリューションを組み合わせて実現していくことになるので、計画を実現できるソリューションを比較検討し、選定します。

- 環境移行のガイダンス

  実際にシステム環境を移行しようとすると、利用ユーザーに対して利用方法の変更を強いることがあります。どのような変化が起こるのか、使い方の変更方法のガイドや告知のタイミングなどを、あらかじめ計画に織り込んでおくとスムーズな移行につながります。

導入を計画する際、必要があれば事前に検証環境などを準備し、PoCを行ってから本番導入を計画する場合もあります。PoCを事前に実施しておくと、計画の品質がよくなり、結果として開発が始まってからのズレが抑

4

ゼロトラストへの移行

えられるようになります。

4-1-4　ゼロトラストの実装

　ここまでに計画、選定してきた内容を実際の環境に展開し、最適化していきます。実際には、展開してすぐにうまく動作するかというとそうではありません。運用をきちんと回せるようになるまで、テストや検証、アーキテクチャの最適化、継続的な監視などを通して改善していきます。

- テストと検証
  移行計画に基づいてゼロトラストモデルを実装したあと、その動作とセキュリティを確認するためにテストと検証を行います。これには、機能テスト、ペネトレーションテスト、システムの回復テストなどが含まれます。
- ゼロトラストモデルの展開と最適化
  テストと検証の結果をもとに、あらかじめ計画した範囲のネットワークにゼロトラストモデルを展開します。その後、運用を通じて得られるフィードバックやデータをもとに、必要に応じてモデルを最適化していきます。
- 継続的な監視と改善
  ゼロトラストモデルの運用は、一度設定したら終わり、というものではありません。新たな脅威やビジネスニーズに対応するために、モデルを常に更新し、改善し続ける必要があります。これには定期的なセキュリティ評価や監視が含まれます。

　これらの検討と実施、改善を通じて、ゼロトラストモデルを組織のIT環境に展開および最適化し、継続的に改善していきます。この過程を通じて、セキュリティの強化とビジネスニーズの達成に寄与するようにします。このステップは、組織のセキュリティポスチャを継続的に改善し、新たな脅威やリスクに対応するための重要な要素でもあります。

4-2 ハンズオン環境の準備

　本書で行うハンズオンはMicrosoft製品を中心に利用していきます。本節ではハンズオンを始めるにあたって必要となるアカウントやユーザー、ライセンスなどの準備を行います。

4-2-1　ハンズオンの概要

　本章では、オンプレミス相当の環境をゼロトラスト化するハンズオンを紹介します。実業務でもよく挙げられるID管理、クライアント、業務サーバー、ファイルサーバー、運用監視の5つをテーマにゼロトラスト化を行います。

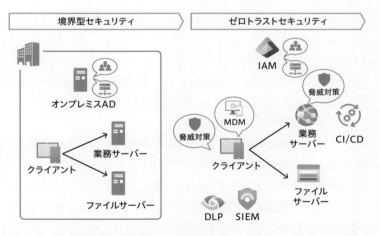

図1　ハンズオンで実施する境界型セキュリティからゼロトラストセキュリティへの移行

　ハンズオンを実施する環境では、Microsoft 365およびAzureを使っていきます。ID管理では、オンプレミスADをクラウド型のEntra IDに移行し、条件付きアクセスを利用できるようにします。業務サーバーはオンプレ

ミスのWebサーバーをPaaSに移行し、Entra IDと連携させることで条件付きアクセスの恩恵を受けられるようにします。ファイルサーバーの場合、オンプレミスからの移行先としてSaaSが選択肢としてあるので、そのうちの1つであるSharePointに移行します。あわせて情報漏えい防止の観点からDLPの導入も行います。最後に運用監視としてSIEMの導入を行います。

　本章で紹介するハンズオンは本節の前提環境を押さえていれば、残りは節ごとに独立して実施できるように構成しています。ただ、作業するにあたり前提知識として必要なものの順番があるので、可能な限り最初から順に進めることをおすすめします。

　ハンズオンを実施するにあたって前提として、次のような環境やライセンスを想定しています。すでに持っている場合、あらためて取得する必要はありませんが、まだ持っていない場合はあとで紹介する手順を参考に事前に取得しておいてください。

- 利用するサービス
  - Azure
  - GitHub
- 利用するライセンスパック
  - Microsoft 365 Business Premium (M365 Business Premium)
  - Enterprise Mobility + Security (EMS) E5

　ハンズオンは、実施する際のライセンスや利用料などが可能な限り無料枠で収まるように構成していますが、クラウドサービスの利用においてコストがかかる場合がありますのであらかじめご了承ください。必要に応じてコストアラートの設定を実施することをおすすめします。最新料金プランの確認方法や現状のコストの確認方法も紹介するので、必要に応じて参照してください。

4-2-2　Azureアカウントの作成

　まずはAzureアカウントの作成から始めましょう。Azureはオンプレミ

ス環境の疑似環境および、ゼロトラスト化した先の環境として利用します。

Azureアカウントは、利用するメールアドレスによってアカウント作成のフローが若干異なりますが、いずれも似たようなフローです。今回はすでにOutlookなどのMicrosoftが発行するアカウントを持っている前提でAzure用のアカウントの作成を進める手順を紹介します。

1 無料アカウントの登録ページにアクセスし、[無料で始める] をクリックします。

https://azure.microsoft.com/ja-jp/free

2 すでにOutlookアカウントなどがある場合は、そのまま入力してサインインします。GmailやYahoo!メールを利用したい場合は、[作成]からアカウントを作成します。

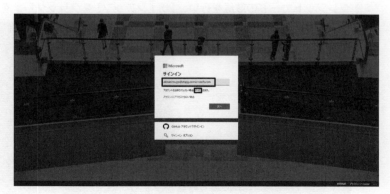

3 顧客契約に同意して [次へ] をクリックします。

4 電話認証を実施します。

5 クレジットカードの登録を行い、[サインアップ] をクリックします。

以上でAzureアカウントの作成は完了です。

4-2-3 カスタムドメインの追加

　Azureを本番で利用していく場合、早い段階でカスタムドメインの設定が必要になります。本項では初期設定として必要となるAzureへのカスタムドメインの設定をします。

　なお、ドメインはあらかじめ取得済みの状態を前提とし、設定のみを行います。

1 Azureポータルを開き、[Microsoft Entra ID] を開きます。

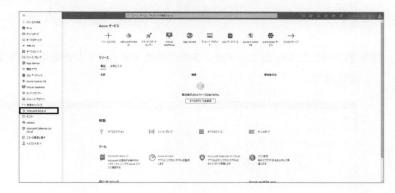

2 [カスタムドメイン名] を開きます。

4
ゼロトラストへの移行

3 [カスタムドメインの追加] を選択します。

4 [カスタムドメイン名] を入力して [ドメインの追加] を行います。

5 表示されたTXTレコードを、実際に所有するドメインの管理設定に追加します。

参考

次の画面は、「お名前.com」(https://www.onamae.com/) に登録する場合の例です。

他社のドメインサービスでは、画面が異なるケースがあります。

6 コマンドプロンプトを立ち上げて次のコマンドを実行し、ドメインの
情報が反映されたかを確認します。

実行コマンド

```
nslookup -type=txt {YOUR_DOMAIN_NAME}
```

実行例

```
>nslookup -type=txt techlearn.work
サーバー:  UnKnown
Address:  192.168.11.1

権限のない回答:
techlearn.work  text =

        "MS=ms18938697"

techlearn.work  nameserver = 01.dnsv.jp
techlearn.work  nameserver = 03.dnsv.jp
techlearn.work  nameserver = 04.dnsv.jp
techlearn.work  nameserver = 02.dnsv.jp
01.dnsv.jp      internet address = 157.7.32.53
01.dnsv.jp      AAAA IPv6 address = 2400:8500:3300::53
02.dnsv.jp      internet address = 157.7.33.53
03.dnsv.jp      internet address = 157.7.34.53
03.dnsv.jp      AAAA IPv6 address = 2400:8500:3000::53
04.dnsv.jp      internet address = 157.7.35.53
04.dnsv.jp      AAAA IPv6 address = 2400:8500:3fff::53
```

7 TXTレコードの反映を確認できたら、[確認] をクリックします。

4

ゼロトラストへの移行

8 「プライマリドメイン」に設定します。

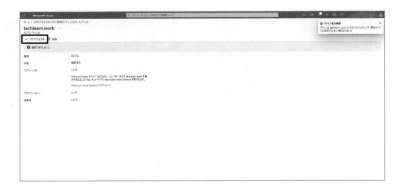

4-2-4　ユーザーの追加

　ハンズオンで利用する管理ユーザーの作成を行います。ハンズオン全体を通してこのユーザーを利用します。今回はハンズオンを簡易に進められるように、管理ユーザーのような名前にして、広範囲の管理権限を与えます。しかし、実際の運用では、外部からの攻撃があった場合など問題発生時に操作者が不明になるので、アカウントの共有は推奨されません。必ず個人を特定できるように、個人ごとにアカウントを割り振り、必要な人に必要最低限の権限を割り当てるようにします。

1　Azureポータルにログインし、[Microsoft Entra ID] を開き、[ユーザー] を開きます。

2　[新しいユーザー] を展開し、[新しいユーザーの作成] を開きます。

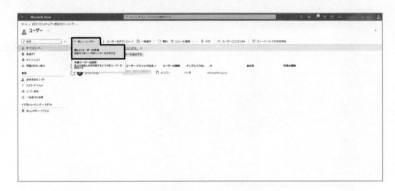

3　基本事項を入力して [次] をクリックします。

- ユーザープリンシパル名：任意。カスタムドメインを設定している場合はドメイン名を修正
- 表示名：任意
- パスワード：デフォルトでランダムな値が設定されているのでコピーしておく

4 プロパティを入力して [次] をクリックします。

- 利用場所：日本

  この項目には主要な利用地域を設定します。この項目が設定されていない場合、のちほど行うライセンスの付与ができないので、あらかじめ設定しておきます。

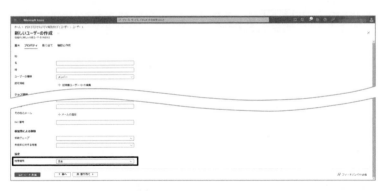

5 [ロールの追加] から [グローバル管理者] を追加します。

6 作成されるユーザーの情報を確認して［作成］をクリックします。
ユーザーの初期パスワードを取得できるのはこのタイミングが最後で
す。忘れないようにメモしておきましょう。

　作成したAzure管理ユーザーを利用できるようにするため、作成した管
理ユーザーアカウントを使ってAzureポータルにログインし、パスワード
の初期設定を行っておきます。

4-2-5　GitHubアカウントの作成

　GitHubは業務サーバーのゼロトラスト化の中で利用します。アカウント
の作成自体は簡単にできるので、次を参考にさっそく実施してみましょう。

1 GitHubのページにアクセスし、[Sign up] をクリックします。

2 アカウントの作成に必要な情報を入力して [Create account] をクリックします。

3 メールアドレスの確認があるので、登録に利用したメールアドレスに届いているコードを入力します。

4 カスタマイズの案内がありますが、[Skip personalization] をクリックしてスキップします。

GitHubのアカウント作成は以上で完了です。

4-2-6 Microsoft 365 Business Premium ライセンスの取得

Microsoft 365 Business Premium（M365 Business Premium）は従業員数300名以下の中小企業を対象とした各種ライセンスのバンドル版です。Office系製品はもちろん、Microsoft Entra ID P1やIntuneなどのセキュリティ関連のライセンスも含まれたライセンスパックです。

表1　各ライセンスパックに含まれるライセンスの一覧[*1]

	M365 Business			M365 Enterprise		EMS	
	Basic	Standard	Premium	E3	E5	E3	E5
Microsoft Entra ID	Free	Free	P1	P1	P2	P1	P2
条件付きアクセス	×	×	○	○	○	○	○
リスクベース認証	×	×	×	×	○	×	○
Microsoft Intune	×	×	○	○	○	○	○
Microsoft 365 Defender	×	×	Business	P1	P2	×	×
SharePoint	P1	P1	P1	P2	P2	×	×
秘密度ラベル(手動)	×	×	○	○	○	○	○
秘密度ラベル(自動)	×	×	×	×	○	×	○
DLP(emails & files)	×	×	○	○	○	×	×
DLP(Teams)	×	×	×	×	○	×	×
Windows 11	×	×	Business	Enterprise	Enterprise	×	×
Microsoft 365 デスクトップアプリ	×	○	○	○	○	×	×

　本ハンズオンではさまざまな機能を利用しますが、ハンズオンで利用する機能を包含するライセンスパックはMicrosoft 365 Enterprise E5です。無料枠のあるライセンスパックで構成する場合、Microsoft 365 Business PremiumとEnterprise Mobility + Security (EMS) E5の2つを利用します。Microsoft 365 Business Premiumは、これまでに利用したことがない場合に限り、1か月間無料で利用できます。EMS E5も、これまでに利用したことがない場合に限り、3か月間無料で利用できます。次の手順では、Microsoft 365 Business Premiumを例に、無料で利用できるライセンスを取得し、ユーザーに割り当てます。EMS E5のユーザーへの割り当ての手順はMicrosoft 365 Business Premiumと同じです。

＊1　Microsoft 365 Businessに含まれるライセンスの情報
　　　https://www.microsoft.com/ja-jp/microsoft-365/business
　　　https://go.microsoft.com/fwlink/?linkid=2164213
　　　Microsoft 365 for Enterprise および Enterprise Mobility + Security に含まれるライセンスの情報
　　　https://www.microsoft.com/ja-jp/microsoft-365/compare-microsoft-365-enterprise-plans
　　　https://go.microsoft.com/fwlink/?linkid=2139145

1 Microsoft 365の管理ポータルにアクセスし、[マーケットプレース]
→[すべての製品]を開きます。

https://admin.microsoft.com/

2 [Microsoft 365 Business Premium]を探し、[詳細]を開きます。

3 [無料試用の開始]のリンクを開きます。

4 ［メッセージを自分に送信］が選択されていることを確認し、自分の電話番号にテキストメッセージを送信します。

5 送られてきたコードを入力し、［無料試用版の開始］をクリックします。

6 ［無料トライアル］をクリックします。

7 発注内容を確認して［続行］をクリックします。

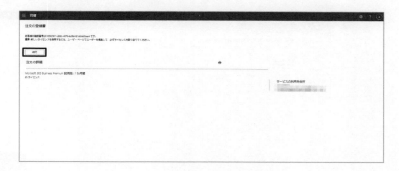

EMS E5ライセンスの取得方法も同様なので、Microsoft 365 Business Premiumライセンスの取得手順を参考にして、EMS E5の無料ライセンスも取得しておきます。

4-2-7 Microsoft 365 Business Premium ライセンスの付与

ライセンスの購入が済んだものは、ユーザーに付与しないと利用できません。購入したライセンスを次の手順でユーザーに割り当てます。

1 Microsoft 365管理センターで、［課金情報］→［ライセンス］を開き、購入した［Microsoft 365 Business Premium］を開きます。

2 [ライセンスの割り当て] を開きます。

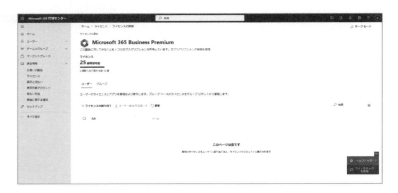

3 ハンズオンで利用する予定のユーザーを選択して [割り当て] を行います。

　以上で必要なライセンスの購入と割り当てが終わりました。同様にして EMS E5 ライセンスもユーザーに付与しておきます。うまく割り当てができなかった場合、ユーザーのプロパティで [利用場所] が設定されているかを確認したうえで再度ライセンスの付与を試してみます。

4-2-8　従来環境の概要

　ハンズオンでは、移行元となる境界型セキュリティの環境に相当する環

境を作成します。各節で独立しているのでそれぞれで作るのが理想的ですが、その際に毎回登場する次のような基本の構成の作成方法についてここで紹介します。

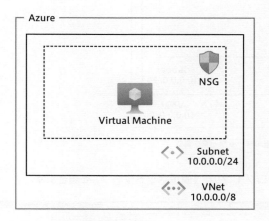

図2　オンプレミス環境相当の構成

基本の構成では次のリソースを作成します。

- リソースグループ
- 仮想ネットワーク (VNet) およびサブネット
- ネットワークセキュリティグループ (NSG)
- 仮想マシン

リソースグループは、Azure 上に作成するリソースをまとめるための論理的なグループです。次の手順では明示的に独立して作成はしませんが、いずれかのリソースを作成する際、同時に作成することが可能です。

4-2-9　仮想ネットワークの作成

まずは基本となるネットワークを作成します。最初に作るリソースなので、同時にリソースグループも作ってしまいます。

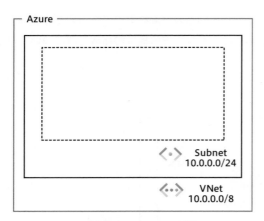

図3　オンプレミス環境相当のネットワークを構成

1 Azureポータルにログインし、[仮想ネットワーク] を開きます。

2 [作成] を開きます。

3 仮想ネットワークの基本情報を入力します。

- サブスクリプション：作成済みのものを利用
- リソースグループ：新規作成
- 名前：任意
- 地域：Japan East

4 仮想ネットワークおよびサブネットのIPアドレスを指定して［確認お
よび作成］に進みます。

- IPアドレス空間：10.0.0.0/8
- サブネット：default、10.0.0.0/24

5 作成するリソースの内容を確認して［作成］を行います。

以上でリソースグループおよび仮想ネットワークの作成は完了です。

4-2-10 ネットワークセキュリティグループの作成

　次に、仮想ネットワークを出入りする通信に対する制御を加えます。利用するのは「ネットワークセキュリティグループ（NSG）」と呼ばれるリソースです。このリソースは、通信方向（送信／受信）、ポート番号、宛先を指定して通信の許可／拒否を設定できます。

　通常の閉域網の場合、閉じられた空間に入るためには、社内のネットワークに直接アクセスするか、外からVPNを利用してアクセスしますが、今回

は検証なので直接外から仮想ネットワークに入れるように設定します。

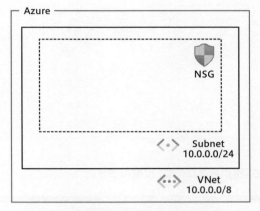

図4　オンプレミス環境相当のネットワークにNSGを付与

1 Azureポータルにログインし、[ネットワークセキュリティグループ]を開きます。

2 [作成] を開きます。

3 基本情報を入力して [確認および作成] に進みます。

4 作成内容を確認して [作成] を行います。

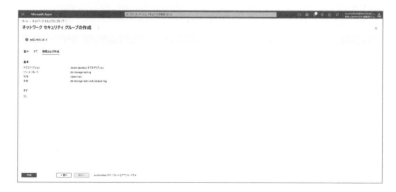

5 作成が完了したら [リソースに移動] をクリックします。

6 [設定] → [サブネット] を開き、[関連付け] を開きます。

7 あらかじめ作成しておいた仮想ネットワークおよびサブネットを指定して [OK] をクリックします。

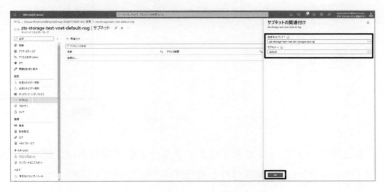

4

ゼロトラストへの移行

8 [設定] → [受信セキュリティ規則] を開き、[追加] を選択します。

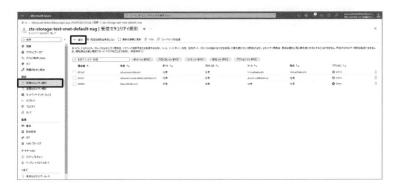

9 受信規則として次のようなルールを作成します。実際のハンズオンでは
状況にあわせてRDP以外にもSSHなど必要なものを許可してください。

- ソース：My IP address（自分のIPアドレス）
- ソースポート範囲：＊（すべて）
- 宛先：Any（任意）
- サービス：RDP（TCP、3389）
- 優先度：100（100〜4096の数値。数値が小さいほうが優先）
- 名前：任意

以上でネットワークセキュリティグループの作成および仮想ネットワー
ク（サブネット）への関連付けと通信許可の設定が完了しました。

4-2-11 仮想マシンの作成

前項まででネットワークの構成が終わっていますので、いよいよ仮想マシンを作成していきます。今回はWindows Server 2019を例に画面をキャプチャしていますが、Windows 11やCentOS 8でも設定するイメージが異なる以外はほぼ同じ手順で作成できます。

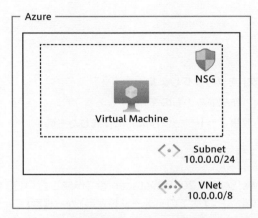

図5 オンプレミス環境相当のネットワークに仮想マシンを配置

1 Azure ポータルにログインし、[Virtual Machines] を開きます。

2 [作成] → [Azure 仮想マシン] を開きます。

3 基本設定を行い、[次] をクリックします。

- サブスクリプション：作成済みのものを利用
- リソースグループ：仮想ネットワーク作成時に作成したもの
- 仮想マシン名：任意
- 地域：Japan East
- イメージ：Windows Server 2019 Datacenter（作成したいOSを選択。選択肢にない場合、[すべてのイメージを表示] から検索）
- サイズ：Standard_B2s（無料枠で利用したい場合はB1s）
- ユーザー名、パスワード：任意
- パブリック受信ポート：なし（NSGの設定を利用するため）

4 ディスクの設定を行い、[次] をクリックします。

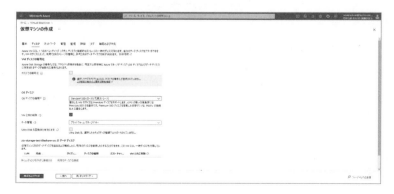

5　ネットワーク設定で仮想マシンの配置先に作成済みの仮想ネットワークを指定して［確認および作成］をクリックします。

- 仮想ネットワーク：作成済みのもの
- サブネット：作成済みのもの
- パブリックIP：新規作成（外部からアクセスするため）
- NICネットワークセキュリティグループ：なし

6　作成する内容を確認して［作成］をクリックします。

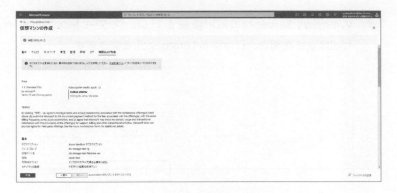

　以上で、指定した仮想ネットワーク内への仮想マシンの作成が完了しました。作成した仮想マシンに接続する場合、概要画面にあるIPアドレスをもとにRDP接続を行います。NSGの設定をうまく構成できていれば、問題

なく接続できます。

4-2-12　仮想マシンの日本語化

　Azure上にWindowsの仮想マシンを作成すると、デフォルトの言語が英語になっています。英語のままでも利用上の問題はありませんが、不便に感じる場合は、次の手順で日本語化を行っておくことをおすすめします。

　次の手順はWindows Serverを例に行っていますが、Windows 11でもほぼ同じ操作で設定できます（画面構成が若干異なる程度です）。

1 Windows ServerへのRDP接続を行い、スタートメニューから[Settings] を開き、[Time & Language] を開きます。

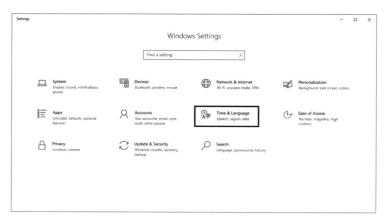

2 [Language] に移動し、[Add a language] を開きます。

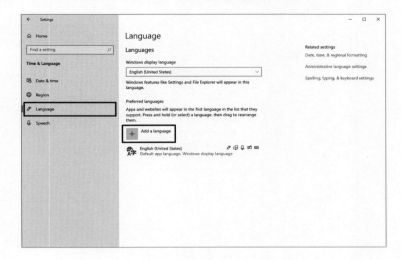

3 [日本語 Japanese] を選択して、[Next] をクリックします。

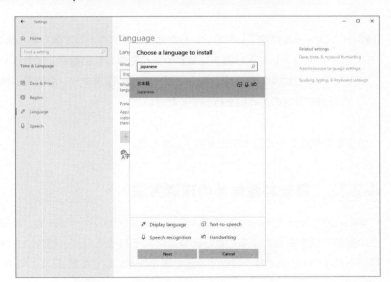

4 [Install language pack and set as my Windows display

language] にチェックマークが入っていることを確認し、［Install］を
クリックします。

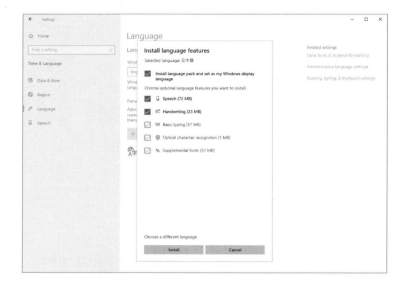

5　インストールが完了したら、いったんサインアウトして入り直します。
サインアウトして入り直す方法がうまく動作しない場合、またはやり
方がわかりにくい場合は、Azureポータルの仮想マシンの概要画面か
ら仮想マシンの再起動を行ってください。

以上で仮想マシンの日本語化が完了しました。

4-2-13　最新料金体系の確認方法

Microsoft 365もAzureもサブスクリプション型のサービスで、為替な
どの影響で価格が変動することがあります。それぞれのサービスにおける
最新価格はMicrosoft社が提供する価格表を参考にしてください。

- Microsoft 365
  - Microsoft 365 Business（中小企業、従業員数300名以下）

　　https://www.microsoft.com/ja-jp/microsoft-365/business
　　・ Microsoft 365 Enterprise (大企業)
　　https://www.microsoft.com/ja-jp/microsoft-365/enterprise/
　　microsoft365-plans-and-pricing

- Azure

　Azureの価格

　https://azure.microsoft.com/ja-jp/pricing/

　※Azureは利用するサービスによっても価格が異なる

4-2-14　利用料の確認方法

　本ハンズオンで利用するサービスの利用料には大きく2種類があります。1つは「各種ライセンス利用料」、もう1つは「Azure利用料」です。それぞれ確認する場所が異なるので、確認方法を紹介します。

⬢ 各種ライセンス利用料の確認

1 Microsoft 365管理ポータルを開き、[課金情報]→[お使いの製品]を開きます。購入しているライセンスの種類と数が一覧で表示されるので、これらの情報と料金表を参考に月次で課金されるコストを算出します。

⬢ Azure利用料の確認

1 Azureポータルにログインし、[Cost Management] を開きます。

2 [スコープ] に確認したいサブスクリプション (作成したもの) が選ばれていることを確認します。異なるものが選ばれている場合は、[変更]から修正します。

3 [コスト管理] → [コスト分析] を開き、[累積コスト] を開きます。

4 現時点までにかかっているコストを確認します。

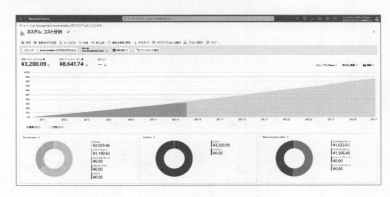

4-3 IAMのクラウド移行

IDに関するゼロトラスト化はすべての中心となる重要な要素です。本節では、オンプレミス環境で稼働するActive Directory (AD) サーバーをクラウドID管理のMicrosoft Entra ID (MEID) に移行していきます。

4-3-1　IAM完全移行への道のり

ここでは、オンプレミスでよく利用されるActive Directory (オンプレミスAD) をクラウドIAMであるMicrosoft Entra ID (旧Azure Active Directory、Azure AD) に移行する方法を例にして、移行の具体的な手順を紹介します。

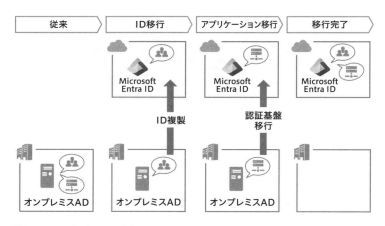

図6　IAMのゼロトラスト移行

最初に想定する「従来の状態」は、単一ないし冗長構成で稼働するオンプレミスADでの運用です。通常は、このADに登録されるユーザー情報が会社における唯一のIDとなるように設計、運用されています。また、SSOを

実現するため、社内システムの認証が統合され、利用されます。

　最初に行うのは「IDの移行」です。オンプレミスADからMicrosoft Entra IDに移行する場合、Microsoft Entra Connect（旧Azure AD Connect）と呼ばれるツールを利用して、オンプレミスAD上のIDをMicrosoft Entra ID上に複製し、Microsoft Entra IDで同じIDを利用できるようにします。オンプレミスADとMicrosoft Entra IDの両環境で同じIDを利用できるようにした構成／環境を「ハイブリッド構成」、またそのIDを「ハイブリッドID」と呼びます。

　続いて実施するのが「アプリケーションの移行」です。社内システムの認証基盤としてオンプレミスADを利用していた場合、その認証の仕組みをMicrosoft Entra IDに切り替えていきます。また、昨今だとSaaSの利用もあるので、そうしたサービスのIAMもMicrosoft Entra IDを利用するように統合を進めていきます。このフェーズではアプリケーションの移行以外に、IDを保護する仕組みについても考える必要があります。危険なIDやサインインなどがないかを監視できるようにします。

　アプリケーションの移行がすべて完了し、IDの保護に関してリアルタイムな監視が可能になっていれば「移行完了」となります。

4-3-2　初期環境の構築

　まずは初期環境を構築します。従来の環境としてオンプレミス環境にWindows Server（Active Directoryサーバー）を準備します。本来、従来の環境であれば、同じオンプレミスネットワーク内にWindowsクライアントを用意しますが、今回は使わないので同じ環境には作りません。代わりにゼロトラスト化した環境を想定して自宅／リモート環境相当の別ネットワークを用意し、こちらにWindowsクライアントを用意します。

4

ゼロトラストへの移行

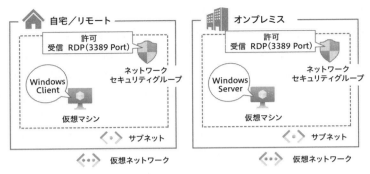

図7　ハンズオンで想定する境界型セキュリティ環境

　オンプレミス環境のADサーバーと、自宅／リモート環境のWindowsク
ライアントは次のような構成で用意します。

表2　オンプレミス環境

仮想ネットワーク	
IPアドレス空間	10.0.0.0/8
サブネット	default(10.0.0.0/24)
ネットワークセキュリティグループ	
接続先サブネット	作成した仮想ネットワークのdefaultサブネット
受信規則	自分のIPからRDP(3389ポート)を宛先Anyで許可
Active Directoryサーバー	
OS	Windows Server 2019 Datacenter
パブリックIP	あり

表3　自宅／リモート環境

仮想ネットワーク	
IPアドレス空間	10.0.0.0/8
サブネット	default(10.0.0.0/24)
ネットワークセキュリティグループ	
接続先サブネット	作成した仮想ネットワークのdefaultサブネット
受信規則	自分のIPからRDP(3389ポート)を宛先Anyで許可
Windowsクライアント	
OS	Windows 11 Pro
パブリックIP	あり

前述の環境を準備できたら、Windows Serverに対してActive Directory
の機能を構成していきます。

1 Windows ServerにRDP接続を行い、サーバーマネージャーの［管理］
→［役割と機能の追加］を開きます。

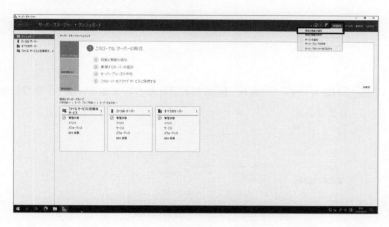

2 ［開始する前に］画面は、そのままで［次へ］をクリックします。

3 ［インストールの種類の選択］画面は、デフォルトのままで［次へ］を
クリックします。

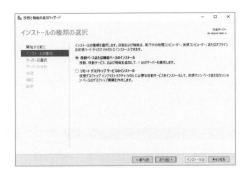

4 [対象サーバーの選択] 画面もデフォルトのままで [次へ] をクリック
します。

5 [サーバーの役割の選択] 画面では [Active Directory Domain
Services] を選択します。機能の追加に関する問いかけが表示される
ので、[機能の追加] をクリックします。

6 ［機能の選択］画面は、すでに必要なものを選択済みなので、［次へ］を
クリックします。

7 ［Active Directoryドメインサービス］画面は［次へ］をクリックします。

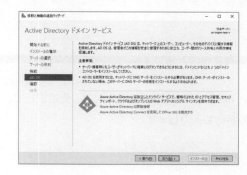

8 設定内容を確認して［インストール］を行います。

4

ゼロトラストへの移行

Active Directoryの機能が追加されたら、続いてActive Directoryの設定を行います。

1 サーバーマネージャーを開き、[このサーバーをドメインコントローラーに昇格する] をクリックします。

2 [配置構成] 画面では、[新しいフォレストを追加する] を選択して、ドメイン名として任意の名称を入力します。

3 [ドメインコントローラーオプション] 画面では [パスワード] を入力して、[次へ] をクリックします。

4 [DNSオプション] 画面は、そのままで [次へ] をクリックします。

5 [追加オプション] 画面にある [NetBIOS ドメイン名] は、ドメイン名をもとに自動で入力されるので、そのままで [次へ] をクリックします。

6 各種ファイルの保存先はデフォルトのままで［次へ］をクリックします。

7 設定内容を確認して［次へ］をクリックします。

8 前提条件を確認して［インストール］を始めます。

　以上の設定が終わるとサーバーが再起動されるので、再びRDPを使って
ログインし直します。最後に、オンプレミスActive Directoryにテスト用
のユーザーを追加します。

1 Windows ServerにRDPを使ってログインし、[Windows管理ツー
ル] → [Active Directory ユーザーとコンピューター] を開きます。

2 [（作成したドメイン）] → [Users] を展開し、[Users] を右クリック
して [新規作成] → [ユーザー] を選択します。

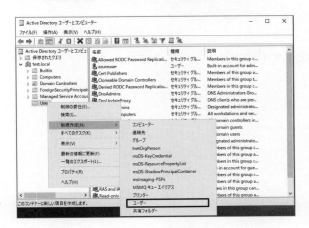

4

ゼロトラストへの移行

3 ［ユーザーログオン名］を入力して［次へ］をクリックします。

4 ［パスワード］を入力し、［パスワードを無期限にする］を選択して［次へ］をクリックします。

5 内容を確認して［完了］をクリックします。

　以上でオンプレミス環境の準備が完了しました。ここからこの環境をゼ
ロトラスト化していきます。

4-3-3　Microsoft Entra Connectの展開

　IAMのゼロトラスト化を実施する際、まず行うのがハイブリッドID環
境の構成です。今回は、次に示す前提環境のオンプレミスからMicrosoft
Entra IDにユーザーのIDを複製し、ハイブリッドIDを構成します。

　こ の ID の 同 期 に は、「Microsoft Entra Connect（ 旧 Azure AD
Connect)」と呼ばれるモジュールを利用します。今回は、オンプレミス
ADサーバーにインストールして設定します。本番環境の場合、冗長性の
担保や役割分担の観点からオンプレミスADサーバーとMicrosoft Entra
Connectサーバーは別に準備することが推奨されます。

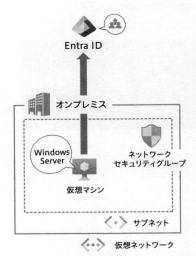

図8　オンプレミスADとMicrosoft Entra IDの接続

　1　Microsoft Entra ConnectをインストールするWindows Server（今
　　回はオンプレミスADサーバー）にRDP接続を行い、ログインします。

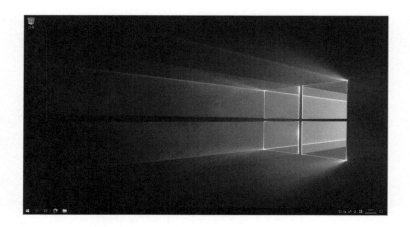

2 次のURLにアクセスし、Microsoft Entra Connect（画面上は旧称の Azure AD Connect）をダウンロードします。

https://go.microsoft.com/fwlink/?LinkId=615771

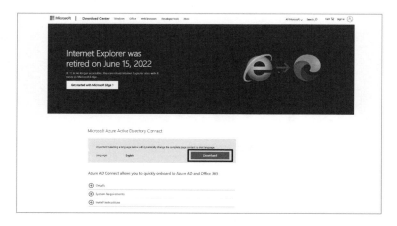

3 ダウンロードしたインストーラーを実行してインストールを進めます。最初の［Azure AD Connectへようこそ］画面では［ライセンス条項およびプライバシーに関する声明に同意します。］にチェックマークを入れて［続行］をクリックします。

4 [簡単設定] 画面では [カスタマイズ] を選択します。

5 特にどれにもチェックマークを入れず、[インストール] を実行します。

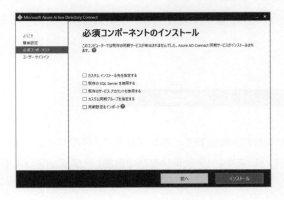

6 ひととおり必要なコンポーネントのインストールが終わると、設定
ウィザードが開始されます。
最初の［ユーザーサインイン］画面では、［パスワードハッシュ同期］
を選択し、［シングルサインオンを有効にする］にチェックマークを入
れて［次へ］をクリックします。

7 ［Azure AD に接続］画面では、あらかじめ作成済みの Azure 管理ユー
ザー（グローバル管理者ロールを割り当てたユーザー）を使って Azure
に接続します。

8 ［ディレクトリの接続］画面では、オンプレミス AD のディレクトリに
接続する設定を行います。［ディレクトリの追加］をクリックします。

9 オンプレミスADの管理ユーザーを指定して [OK] をクリックします。

10 問題なく接続できれば、オンプレミスADのフォレストが追加されます。
[次へ] をクリックして進みます。

4

ゼロトラストへの移行

11 [Azure ADサインインの構成] 画面では、Microsoft Entra IDにサインインする際に利用するログインIDを、どのような値を使って設定するかを指定します。基本的にはデフォルトの [userPrincipalName] を利用します。また、オンプレミスADのUPNサフィックスに正式なドメインを利用していない場合、Microsoft Entra IDとオンプレミスADの間でズレが生じることがあります。この場合、[一部のUPNサフィックスが確認済みドメインに一致していなくても続行する] にチェックマークを入れて [次へ] をクリックします。

12 [ドメインとOUのフィルタリング] 画面では、同期させるオンプレミスAD側のOUを指定します。今回はすべて同期させたいので [すべてのドメインとOUの同期] が選ばれていることを確認して [次へ] をクリックします。

13 ［一意のユーザー識別］画面では、オンプレミスADとMicrosoft
Entra IDを同期させる際に、ユーザーを一意に識別するためのキーを
指定します。デフォルトのままで［次へ］をクリックします。

14 ［ユーザーおよびデバイスのフィルタリング］画面では、同期する際に
特定のユーザーだけに絞りたい場合のフィルタリング条件を指定しま
す。今回は特にフィルタリングはしないのでそのままで［次へ］をク
リックします。

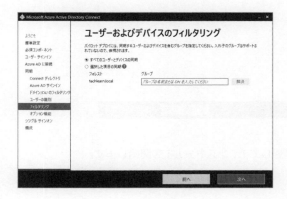

15 ［オプション機能］画面では特に追加の指定はせずに［次へ］をクリッ
クします。

4

ゼロトラストへの移行

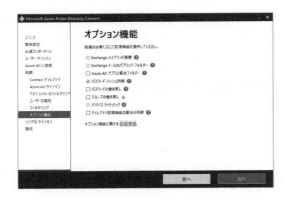

16 [シングルサインオンを有効にする]画面では、オンプレミスADの資格情報の入力が有効であることを確認して[次へ]をクリックします。有効になっていないようであれば、[資格情報の入力]をクリックしてオンプレミスADの管理ユーザーを使ってログインします。

17 構成内容を確認して[インストール]を開始します。

18 無事にオンプレミスADとMicrosoft Entra IDの連携を構成できたら、[終了] をクリックして閉じます。

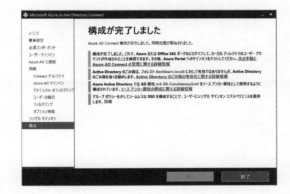

4

ゼロトラストへの移行

Column Microsoft Entra Connectの代表的な接続方法

Microsoft Entra Connectには、オンプレミスADとMicrosoft Entra IDとの代表的な連携方法として次に挙げる3種類があります。

- パスワードハッシュ同期
- パススルー認証
- フェデレーション

パスワードハッシュ同期は、オンプレミスAD上に保管されたパス

ワードの情報をMicrosoft Entra ID上にコピーし、外部からアクセスするユーザーがMicrosoft Entra IDのみで認証を完結できる仕組みです。Microsoft Entra Connectの推奨設定はパスワードハッシュ同期です。

　パススルー認証は、オンプレミスAD上に保管されたパスワードの情報をMicrosoft Entra IDにコピーせず、外部からアクセスするユーザーの認証をオンプレミスADに転送し、オンプレミスAD側で認証を行う仕組みです。

　フェデレーションは、オンプレミスADとMicrosoft Entra IDの間に信頼関係を構築する方法です。

　オンプレミスADとMicrosoft Entra IDが問題なく連携できているかは、Azureポータルからも確認できます。次の手順に従って連携状況を確認してみましょう。

1 Azureポータルにログインし、[Microsoft Entra ID] を開き、[Microsoft Entra Connect] を開きます。

2 [Connect同期] を開きます。

3 [Azure AD Connect同期] のステータスを確認します。[同期状態]
が [有効] になっていることを確認します。

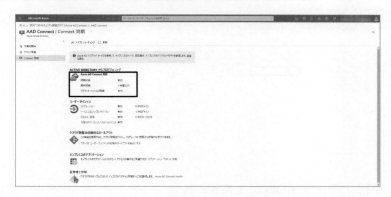

　続いて、オンプレミスADからMicrosoft Entra IDへ連携されたユーザー
を確認し、ライセンスの付与を行います。

1 Azureポータルにログインし、[Microsoft Entra ID] を開き、[ユー
ザー] を開きます。

2 オンプレミスAD上で作成し、連携されたユーザーを開きます。

3 [プロパティの編集] を開きます。

4 次の2つの設定を変更して［保存］をクリックします。

- ユーザープリンシパル名：独自ドメイン
- 利用場所：日本

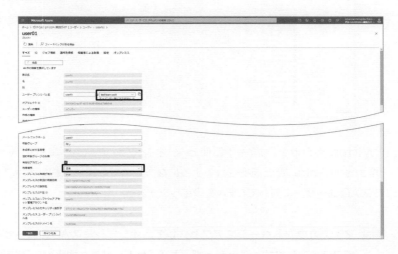

5 ［管理］→［ライセンス］に移動し、［割り当て］を開きます。

6 ［Microsoft 365 Business Premium］を選択して［保存］をクリック
します。

　Microsoft Entra Connectを使ってオンプレミスADユーザーが
Microsoft Entra IDと連携されるようになったので、連携されたオンプレ
ミスADユーザーに対してMFAを設定します。

1 マイアカウントページにアクセスして、オンプレミスADのユーザー
でログインします。ダッシュボードの [セキュリティ情報] の [更新情
報] をクリックします。
https://myaccount.microsoft.com/

2 [サインイン方法の追加] をクリックします。

3 認証方法に［認証アプリ］を選択し、［追加］をクリックします。

4 自分のスマートフォンに［Microsoft Authenticator］をインストール
し、［次へ］をクリックします。

5 ［アカウントのセットアップ］画面で［次へ］をクリックします。

4

ゼロトラストへの移行

6 QRコードが表示されます。

7 スマートフォンにインストールしたMicrosoft Authenticatorを起動して、右上にある [+] アイコンをタップします。

8 [職場または学校アカウント] をタップします。

9 [QRコードをスキャン] をタップして、QRコードを読み取ります。

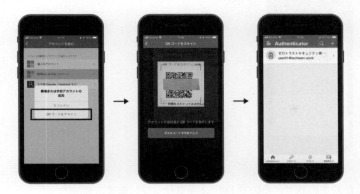

10 QRが読み取られて、Microsoft Authenticatorにアカウントが追加
されたら、[次へ] をクリックします。

11 表示された数字をスマートフォンに入力します。

12 認証を確認できたので [次へ] をクリックします。

13 一覧にMicrosoft Authenticatorが追加されていることを確認します。

4-3-4　条件付きアクセスの設定

　条件付きアクセスのみを利用する場合、Microsoft Entra ID P1以上を利用できるライセンスが必要になります。今回は条件付きアクセスに加えてリスクベース認証も行いたいので、Microsoft Enterprise E5または Enterprise Mobility + Security E5のどちらかのライセンスが必要になります。

表4 条件付きアクセス、リスクベース認証に必要なライセンス

	M365 Business			M365 Enterprise		EMS	
	Basic	Standard	Premium	E3	E5	E3	E5
Microsoft Entra ID	Free	Free	P1	P1	P2	P1	P2
条件付きアクセス	×	×	○	○	○	○	○
リスクベース認証	×	×	×	×	○	×	○

　ライセンスが準備できていれば、先ほど連携したオンプレミスADユーザーにライセンスをあらかじめ付与しておきます。付与の手順については「4-2 ハンズオン環境の準備」に記載していますので、そちらを参考にしてください。

　ユーザーに対するライセンスの付与まで終わったら、条件付きアクセスの設定を行っていきます。まず、条件付きアクセスを使えるようにするために、Azureのセキュリティの既定値の機能を無効化します。その後、条件付きアクセスの設定を行っていきます。

1 Azureポータルから Microsoft Entra IDを開き、[管理]→[プロパティ]をクリックします。

2 [セキュリティの既定値の管理]をクリックします。

3 [セキュリティの既定値群]を[無効]に設定し、[無効にする理由]を選んだあと、[保存]をクリックしてセキュリティの既定値を無効化します。

続いて条件付きアクセスのルールを作ります。今回作成するルールはゼロトラストでいうところの「リスクベース認証」です。Microsoft Entra IDで連携するすべてのアプリケーションに対して、ユーザーのリスクまたはサインインのリスクがある場合、MFAを必須とするような条件付きアクセスを設定します。

1 AzureポータルでMicrosoft Entra IDを開き、[管理]→[セキュリティ]を開きます。

2 [条件付きアクセス] をクリックします。

3 [新しいポリシーを作成する] をクリックします。

4

ゼロトラストへの移行

4 [名前]には、どのようなポリシーかわかるように任意の名称を入力します。

5 [ユーザー]を開いて、[対象]を[すべてのユーザー]とし、[対象外]に管理ユーザーとして自分のアカウントを設定します。

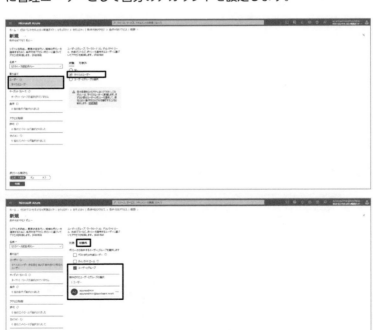

6 ［ターゲットリソース］を開いて［すべてのクラウドアプリ］を［対象］
に設定します。

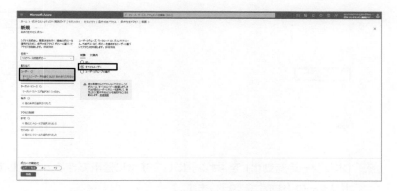

7 ［条件］を開き、［サインインのリスク］を開いて、サインインのリスク
が［低］以上のときをポリシーの実行条件として指定します。

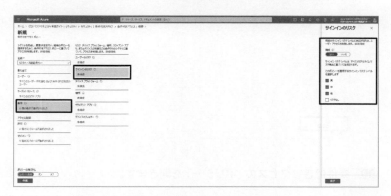

4

ゼロトラストへの移行

8 ［アクセス制御］の［許可］を開き、多要素認証が実行されればアクセ
スを許可するように設定します。今回は［認証強度が必要］にチェック
マークを入れて［Multifactor authentication］を選択します。

9 [ポリシーの有効化] を [オン] にしてすぐに適用できるようにして、ポリシーの [作成] を実行します。

10 条件付きアクセスの [ポリシー] を開きます。

11 作成したポリシーが表示され、[状態] が [オン] になっていることを
確認します。

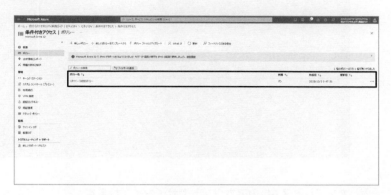

　条件付きアクセスの設定が完了したので、実際に動作するのかを確認し
てみましょう。動作の確認には「Tor Browser」と呼ばれる、匿名でインター
ネットの閲覧ができるブラウザを利用します。次のURLからTor Browser
のインストーラーをダウンロードできるので、あらかじめインストールを
行い、利用できる状態にしておいてください。

- Tor Browser
  https://www.torproject.org/ja/download/

　では、さっそくリスクベース認証の動作確認を行いましょう。今回は匿
名でのアクセス（＝怪しいアクセス）があった場合、MFAが求められれば、
動作確認としては問題ないということになります。

1 Tor Browser を立ち上げ、Azure ポータルに直接アクセスします。
https://portal.azure.com/

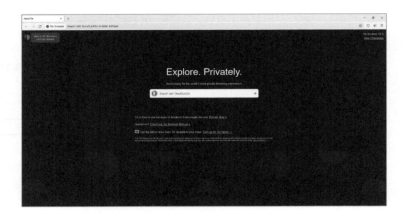

2 オンプレミスADのアカウントでサインインします。

3 MFAが要求されれば、意図どおりリスクベース認証が実装されていることを確認できたことになります。

4 MFAの認証が終われば、Azureポータルにログインできます。

4

ゼロトラストへの移行

〈Column〉　　サインインのリスクとユーザーのリスク

条件付きアクセスの「条件」に「サインインのリスク」と「ユーザーのリスク」という2種類のリスク判定があったことに気づいたでしょうか。似たもののように思えますが、判定する内容が異なります。

サインインのリスクとは、サインインの危険性に関するチェックです。たとえば、地理的にありえない移動を必要とする場所からのログインや、

マルウェアに関係するIPアドレスからのサインイン、匿名IPアドレスからのサインインなどが該当します。サインイン時などリアルタイムで実施されるチェックもあれば、非同期的に実施されるチェックもあります。

　ユーザーのリスクとは、ユーザー自身の真偽に関するチェックです。たとえば、資格情報が漏えいした場合や、普段と異なる操作をしている場合などが該当します。こちらも操作中にリアルタイムで行われるチェックもあれば、非同期的に実施されるチェックもあります。

Column **Microsoft製品の各種管理ポータル**

　Microsoft製品の管理ポータルは製品ごとに専用のものが用意されているため、似たような画面や操作ですが別々に存在します。本書で扱う管理ポータルを次にまとめておきます。

- Azureポータル
  https://portal.azure.com
- Azure AD管理ポータル
  https://aad.portal.azure.com
- Microsoft Entra ID管理センター
  https://entra.microsoft.com
- Microsoft 365管理センター
  https://admin.microsoft.com
- Microsoft 365 Defender (旧セキュリティセンター)
  https://security.microsoft.com
- Intune管理センター
  https://intune.microsoft.com

4-3-5　Microsoft Entra IDへの完全移行

　クライアントPCをドメインに参加させる方法には、「オンプレミスADへの参加(ハイブリッドADへの参加を含む)」と「Microsoft Entraへの参加(旧Azure ADへの参加)」の2種類が存在します。オンプレミスADに参加している状態でMicrosoft Entra IDの恩恵を受ける仕組みが、これまでに実装してきたMicrosoft Entra Connectを使ったハイブリッドIDです。ここから

は完全なゼロトラスト化を目指すため、クラウド型のIAMであるMicrosoft
Entra IDを使ったMicrosoft Entraへの参加に移行していきます。

1　［設定］を開きます。

2　［アカウント］を開きます。

3　［職場または学校にアクセスする］を開きます。

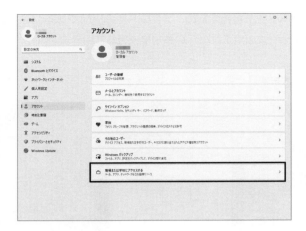

4 [接続] を開きます。

5 [このデバイスをAzure Active Directoryに参加させる] のリンクを開きます。

6 Microsoft Entra IDに登録された自身のユーザーでサインインします。

7 [参加する] をクリックします。

8 無事Microsoft Entra IDに参加できたら [完了] をクリックします。

9 Microsoft Entra IDへの参加を設定できると、接続先情報を確認できます。

のちほどRDP接続を行うため、RDP接続の設定を修正します。

1 [設定] の [システム] → [リモートデスクトップ] を開きます。

2 [デバイスが接続にネットワークレベル認証を使用することを要求する] のチェックマークを外します。

　Microsoft Entraへの参加をしたあとに再起動すると、Microsoft Entra IDアカウントでログインできるようになります。Microsoft Entra IDでログインした場合、Microsoft Entra IDで連携されるシステムに対してはSSOが有効になります。

　実機の場合は前述のとおり、再起動した際に新しくMicrosoft Entra IDアカウントでログインできますが、仮想化環境でRDP接続を行う場合は、あらかじめログイン情報がRDPファイル上に記録されているため、Microsoft Entra IDアカウントを使ってうまく接続できません。利用するRDPファイルに次のような設定を事前に加えて、Microsoft Entra IDアカウントでログインできるようにしてから接続します。

1 リモートデスクトップを開いて接続先を記載し、[名前を付けて保存] をクリックします。

4

ゼロトラストへの移行

2 保存したリモートデスクトップ接続の設定ファイルをテキストエディ
タで開き、次のように設定を記述して保存します。

```
full address:s:<接続先パブリックIP>:3389
prompt for credentials:i:0
enablecredsspsupport:i:0
authentication level:i:2
```

3 修正した接続ファイルを使って接続します。接続には次のようなIDを
利用します。

- ユーザーID：azuread¥<ユーザー名>@<ドメイン名>
- パスワード：(ユーザーのパスワード)

4 ログインできたことを確認します。

4-3-6　運用監視

IDに関するログは最終的にSIEMへの統合を目指します。本項では必要な
ログの参照だけを行います。

Microsoft Entra IDで出力されるID周りの代表的なログには次のような
ものがあります。

表5　サインインログと監査ログの違い

種類	概要
サインインログ	ユーザーがMicrosoft Entra IDにサインインする際のアクティビティに関するログ。成功、中断、失敗が記録される。
監査ログ	ユーザーやグループ、ライセンスなどに対する操作のログ。追加、変更、削除などが記録される。

Azureポータル上にあるそれぞれの専用画面でサインインの状況やリス
クの状況について把握できます。有用な画面の参照方法を順に確認してい
きましょう。

監視用のデータを画面上で確認するためには、事前にTor Browserを使っ
てログインしたり、MFAを拒否したりするなどの不正な操作を実施してか
ら次の手順を実施してください。

● サインインログ

1 Azure ポータルから Microsoft Entra ID を開き、[サインインログ] を開きます。

2 現在行われているユーザーのサインインに関する活動を確認します。

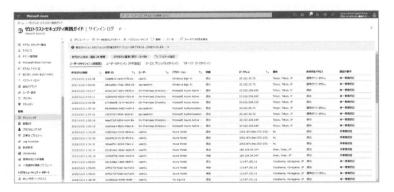

● 監査ログ

1 Azure ポータルから Microsoft Entra ID を開き、[監査ログ] を開きます。

2 Microsoft Entra IDに対して行われたユーザーやグループに関する操作のログを確認します。

● 危険なユーザー

　リスクのあるユーザーを確認できます。該当ユーザーがリスクありと検出された詳細や危険なサインインの履歴などを確認できます。この画面に表示されているユーザーについては、パスワードのリセットや侵害の確認など詳細な調査と対応が必要になります。

1 AzureポータルからMicrosoft Entra IDを開き、[セキュリティ] を開きます。

4

ゼロトラストへの移行

2 [危険なユーザー] を開きます。

3 リスクのあるユーザーを確認します。

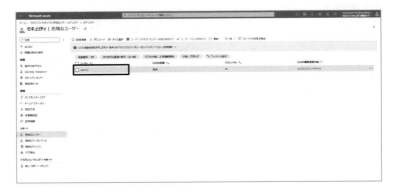

4 ユーザー名をクリックして、基本情報や危険なサインインなど、該当
ユーザーの詳細を確認します。

● 危険なサインイン

　サインインの観点から危険な操作を確認できます。どのサインインが危
険と判断されたのか、危険と判断された理由、MFAやデバイスの状況、場
所などの詳細を確認できます。

1 AzureポータルからMicrosoft Entra IDを開き、[セキュリティ] を
開きます。

2 [危険なサインイン] を開きます。

3 直近で発生しているリスクの高いサインインの活動について確認します。

4-4 リモートワークの実践

本節ではデバイスのゼロトラスト化を行っていきます。ここでいうデバイスとは、主に社員が利用する業務PCやスマートフォンです。こうした端末に対してゼロトラスト化を行うために、主要な対策であるデバイス管理（MDM）と脅威対策の2つを行っていきます。

4-4-1　クライアント端末のゼロトラスト化

今回はクライアント端末として一般的なWindows、特にWindows 11を対象にゼロトラスト化を行う具体的な手法を説明していきます。

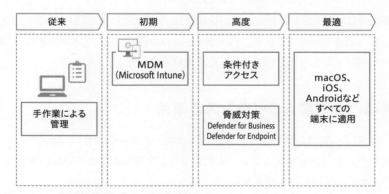

図9　クライアント端末のゼロトラスト移行

従来の状況として想定するのは、「出社して会社のLANにPCを接続して社内システムを利用する」というような環境です。ユーザーはオンプレミス環境のADのドメインに参加しており、ユーザーIDの管理（入社／退職／異動など）までは対応しているかもしれませんが、端末のインベントリ情報の収集や更新の管理までは手が届いていない状況です。

最初に行うのは、クラウドベースのモバイルデバイス管理（MDM）です。Microsoft製品だと、Microsoft Intuneを使用します。ドメインへの参加時に登録するか、セルフサービスでの登録（ユーザー自身の手による登録）を行うことで、デバイスを管理対象にすることができます。MDMに登録されると、クラウド側の管理コンソールから設定の配信や更新状況の把握ができるようになります。

続いて行うのが脅威対策と態勢管理です。Microsoft製品だと、Defender for Endpointを使用します。すでにMicrosoft Intuneを設定済みなので、Intuneを利用してDefender for Endpointを配信します。一般的にはウィルス対策ソフトと呼ばれるような製品ですので、外部からの侵入があった際に検知し、防御／検疫を行います。

また、Microsoft Intuneが導入されたことにより、デバイスの状況を把握できるようになっています。この情報を利用した条件付きアクセスの設定を行うことで、社内システムへのより安全な接続が可能になります。

ここまでの内容は基本的にWindowsを中心としていましたが、実際の職場ではmacOSやスマートフォン（iOS、Android）、タブレットなどさまざまな端末が利用されます。Windows以外の環境に対しても統一的な仕組みを展開することがゼロトラスト化の最終目標です。

4-4-2　必要なライセンスの準備

本節では、Microsoft IntuneやMicrosoft Defender for Businessなどのライセンスを利用します。まだライセンスを取得できていない場合は、あらかじめ取得しておきます。

表6　クライアント端末管理に必要なライセンス

	M365 Business			M365 Enterprise		EMS	
	Basic	Standard	Premium	E3	E5	E3	E5
Microsoft Intune	×	×	○	○	○	○	○
Microsoft 365 Defender	×	×	Business	Endpoint P1	Endpoint P2	×	×

すでにライセンスを取得しているようであれば、検証に利用するユーザー

にライセンスの付与まで行っておきます。「4-3 IAMのクラウド移行」に続けて実施する場合、オンプレミスADユーザーがMicrosoft Entra IDに連携されているので、該当ユーザーに対してあらためてライセンスを付与しておきます。ライセンスを付与する際は、ユーザーのプロパティにある［利用場所］が設定されていないとライセンスを付与できない点に注意します。

4-4-3 初期環境の構築

今回の初期環境は「4-3 IAMのクラウド移行」で作成した環境が残っているようであれば再作成する必要はありません。続けて実施可能です。新規で始める場合には、次の環境を準備しておきます。

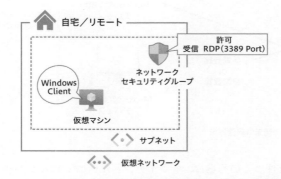

図10　ハンズオンで想定する境界型セキュリティのクライアント環境

表7　自宅／リモート環境

仮想ネットワーク	
IPアドレス空間	10.0.0.0/8
サブネット	default(10.0.0.0/24)
ネットワークセキュリティグループ	
接続先サブネット	作成した仮想ネットワークのdefaultサブネット
受信規則	自分のIPからRDP(3389ポート)を宛先Anyで許可
Windowsクライアント	
OS	Windows 11 Pro
パブリックIP	あり

4

ゼロトラストへの移行

4-4-4 モバイルデバイス管理の導入

デバイスにおけるゼロトラスト化の最初の一歩はモバイルデバイス管理 (MDM) の導入です。今回利用するのはMicrosoft Intuneと呼ばれるMDMソリューションです。

デバイス情報の登録先は、「Microsoft Entra」と「Microsoft Intune」の2か所になります。Microsoft Entraへのデバイスの登録は、Microsoft Entraに参加したタイミングで自動的に行われますが、Microsoft Intuneは別物であるため、別途追加で登録作業が必要になります。

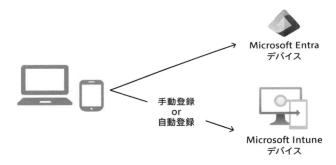

図11　クライアント端末の端末情報登録先

カスタムドメインを使っている場合、クライアントからIntuneにデバイスを登録できるようにするために、ドメインの検証が事前に必要になります。次の手順でドメインの検証を行います。

1 自分のドメインサービスにアクセスし、次のCNAMEレコードを追加します。

表8　DNSに登録するCNAMEレコード

種類	ホスト名	向かう先	TTL
CNAME	EnterpriseEnrollment. <ドメイン名>	EnterpriseEnrollment-s. manage.microsoft.com	1時間
CNAME	EnterpriseRegistration. company_domain.com	EnterpriseRegistration. windows.net	1時間

ホスト名	TYPE	TTL	VALUE	優先	状態	削除
enterpriseenrollment.techlearn.work	CNAME	3600	enterpriseenrollment-s.mana		有効 ∨	☐
enterpriseregistration.techlearn.work	CNAME	3600	enterpriseregistration.windo		有効 ∨	☐

2 Microsoft Intune管理センターを開き、[デバイス] を開きます。

3 [デバイスの登録] を開きます。

4 [CNAME検証] を開きます。

5 ドメイン名に自分のカスタムドメインを入力して [テスト] をクリック
します。

6 あらかじめ設定しておいたCNAMEが反映されていれば、正しく構成
されていることが表示されます。

　Microsoft Intuneに対するデバイスの登録方法は、「手動」と「自動」の2種類があります。手動はユーザー自身によるセルフサービスです。自動は、あらかじめ管理者側で設定しておくことにより、ユーザーがMicrosoft Entra IDに参加した際に自動的にMicrosoft Intuneに登録されるという動作になります。

　まずは手動での登録手順について確認していきましょう。

1 デバイスとして登録したいWindowsにローカル管理者でログインし、設定にある [アカウント] を開きます。

2 [職場または学校へのアクセス] を開きます。

3 [デバイス管理のみに登録する] を開きます。

4 利用する予定のユーザーでログインします。

5 登録が完了すると、MDMへの接続が増えます。

　以上の手順は手動で登録する方法ですが、実際のユーザーがIntuneへの登録のためにこの手順を行うのは難しいことが想定されます。Microsoft Entraへの参加に加えて実施してもらう必要があるため、手順として準備したとしてもやや面倒な作業になります。

　そこで利用したいのが、もう1つの方法であるMicrosoft Intuneに対する自動登録の設定です。この設定を行うと、Microsoft Entraに参加した際、自動的に該当の端末がMicrosoft Intuneに登録されるようになるため、ユーザーに実施してもらう手順を減らすことができます。

1 Microsoft Intune管理センターを開き、[デバイス] → [Windows] を開きます。

2 [Windows登録] → [自動登録] を開きます。

3 [MDMユーザースコープ] と [MAMユーザースコープ] を [すべて]
に設定して [保存] をクリックします。

対象ユーザーを限定したい場合は、[一部] に設定して、対象としたい
グループを指定します。

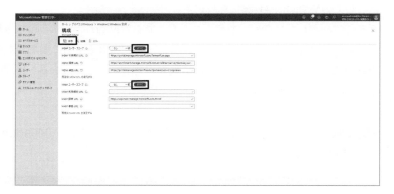

4 クライアント端末でMicrosoft Entra IDへの参加をあらためて実施し
ます。

　Microsoft Intuneに登録されたかどうかはMicrosoft Intune管理セン
ターから確認できます。次の手順でうまくオンボードできたかを確認して
みましょう。

1 Microsoft Intune管理センターを開き、[デバイス] → [すべてのデバ
イス] を開きます。

2 登録したPCが増えていることを確認します。

Microsoft Intuneに登録されることで、会社管理の端末となります。このIntuneに登録された端末に対しては、会社で定める各種の設定を配信することができます。配信するこれらの各種の設定のことを「ポリシー」と呼びます。ポリシーとしてはさまざまな設定が可能で、たとえば、USBデバイスの接続の無効化や、ファイアウォールの強制、ウィルス対策などを作成し、配信できます。

これまでのオンプレミスADでは、GPO（グループポリシーオブジェクト）と呼ばれる機能で、ドメインに参加している端末に対する制御を行っていました。ゼロトラスト化するとオンプレミスADを利用できないので、GPOも利用できません。代わりに利用できるのがMicrosoft Intuneを使った端末制御です。

4-4-5 条件付きアクセスの作成

Microsoft Intuneを導入したことにより、条件付きアクセスによって会社が定めるルールに従っている端末のみに会社資産へのアクセスを許可するようにできます。

実際にこのルールを適用するためには、まず会社資産へのアクセスを許可する端末に対する前提条件として「コンプライアンスポリシー」を定義し、その後、当該ポリシーを使った「条件付きアクセス」を作成／更新します。

まずは「コンプライアンスポリシー」の作成を行っていきましょう。

1 Microsoft Intune管理センターにアクセスし、［デバイス］→［コンプライアンスポリシー］を開きます。

2 [ポリシーの作成] をクリックします。

3 プラットフォームとして [Windows 10以降] を選択し、[作成] をク
リックします。

4 [名前] に任意の名称を入力して [次へ] をクリックします。

5 端末に準拠させたい設定を選択します。

今回は検証として確認しやすい [ファイアウォール] だけを [必要] に
して [次へ] をクリックします。

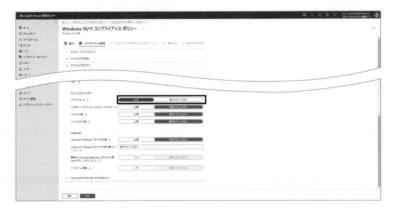

6 準拠違反を検出したら即時に反映されることを確認し、[次へ] をク
リックします。

7 対象として [すべてのユーザー] を追加します。必要に応じてグループを利用してもかまいません。

8 設定の内容を確認して [作成] をクリックします。

4

ゼロトラストへの移行

9 しばらくするとポリシーの作成が完了します。

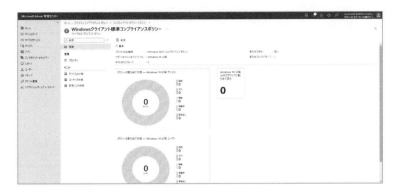

　これで、会社として守ってほしいポリシーを準備できました。続けて、クライアント端末側でファイアウォールの設定をON／OFFしてコンプライアンスポリシーが反映されているかを確認していきましょう。

　まずはファイアウォールの設定を無効化して、コンプライアンスポリシー違反と判定されることを確認します。

1 Windowsクライアント端末にMicrosoft Entra IDユーザーでログインし、［ファイアウォールの状態の確認］を開きます。

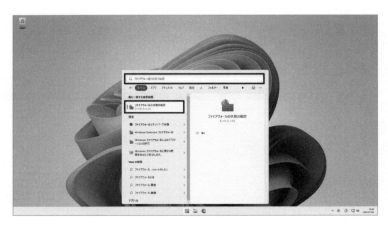

2 [Windows Defenderファイアウォールの有効化または無効化] をクリックします。

↓

ファイアウォールの設定を変更できたので、ポリシーに不適合であることをチェックしてIntuneを同期させます。

1 Windowsクライアント端末にMicrosoft Entra IDユーザーでログインした状態で [設定] を開き、[アカウント] を開きます。

2 [職場または学校にアクセスする] を開きます。

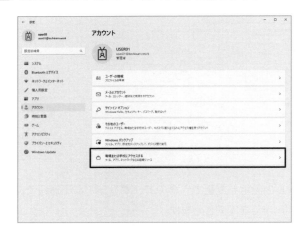

3 ログインしているMicrosoft Entra IDユーザーのアカウントの接続を
開き、[情報] を開きます。

4 [同期] をクリックします。

Intuneの同期が始まり、コンプライアンスポリシーの判定が実行、反映されます。

Microsoft Intune管理センターに反映されたことを確認します。

1 Microsoft Intune管理センターを開き、[デバイス] → [すべてのデバイス] を開きます。

2 Windows クライアント端末のデバイス名をクリックして開きます。

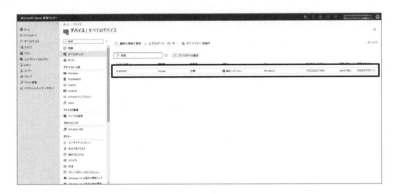

3 [デバイスのポリシー準拠] を開きます。

4 作成したコンプライアンスポリシーの [状態] が [非準拠] になっていることを確認します。さらに、当該ポリシーをクリックして詳細を開きます。

5 [ファイアウォール] のルールに準拠していないことを確認します。

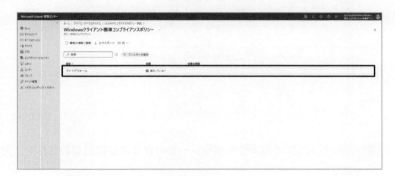

以上の手順で、会社として守ってほしいルールの定義およびその反映の確認までできました。続いて、このコンプライアンスルールを使った条件付きアクセスを作成していきましょう。条件付きアクセスの作成は、Azure ポータルから可能ですが、Microsoft Intune管理センターからも実施できます。今回は続きとして作業したいので、Microsoft Intune管理センターから実施します。

1 Microsoft Intune管理センターにアクセスし、[デバイス] → [条件付

4

ゼロトラストへの移行

きアクセス] を開きます。

2 [新しいポリシーを作成する] をクリックします。

3 [名前] には、どのようなポリシーかわかるように任意の名称を入力します。

4 [ユーザー]を開いて、[対象]に検証で利用するMicrosoft Entra ID
ユーザーを指定します。

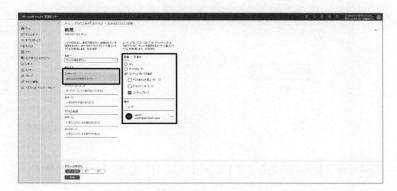

5 [ターゲットリソース]を開いて[すべてのクラウドアプリ]が対象に
なるように設定します。

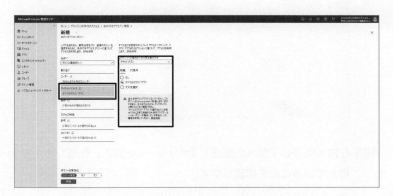

6 [許可]を開いて、[デバイスは準拠しているとしてマーク済みである
必要があります]にチェックマークを入れ、[選択]をクリックして保
存します。

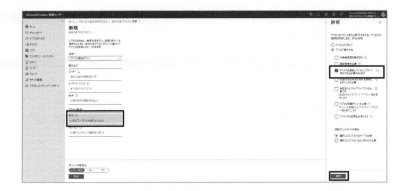

7 [ポリシーの有効化] を [オン] にし、[作成] をクリックします。

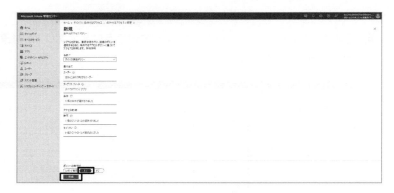

8 作成を完了して戻った画面で [ポリシー] を開き、作成したポリシーが増えていることを確認します。

　条件付きアクセスの設定が終わったので、クライアント端末において、Microsoft 365にアクセスしようとしたときに設定の変更が求められることを確認してみましょう。

1 Windowsクライアント端末にMicrosoft Entra IDユーザーでログインし、Edgeブラウザを立ち上げ、Microsoft 365ポータルにアクセスします。
https://www.office.com/?auth=2

2 Microsoft Entra IDユーザーでログインします。

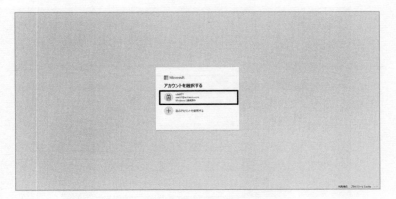

3 条件付きアクセスによってログインできないことを確認します。

4　ゼロトラストへの移行

　条件付きアクセスが動作していることを確認できたので、ファイアウォールの設定をもとに戻してコンプライアンスポリシーの情報を更新することでアクセスできるようになることを確認してみましょう。

1 Windowsクライアント端末にMicrosoft Entra IDユーザーでログインし、[ファイアウォールの状態の確認]を開きます。

2 [Windows Defenderファイアウォールの有効化または無効化] をクリックします。

3 [Windows Defenderファイアウォールを有効にする] を選択して [OK] をクリックします。

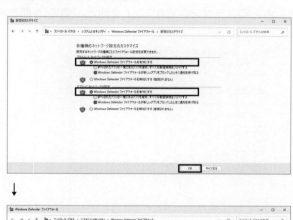

↓

4 続けて［設定］を開き、［アカウント］→［職場または学校にアクセスする］を開きます。

5 Microsoft Entra IDユーザーのアカウントを開き、［情報］を開きます。

6 ［同期］をクリックしてポリシーの更新を行います。

7 同期が終わったあと、再びEdgeブラウザを開いてMicrosoft 365に
アクセスしてみます。コンプライアンスポリシーに準拠したことで、
アクセスできるようになったことを確認します。

4-4-6　エンドポイント保護の導入

　続いて、Microsoft Intuneを使い、クライアント端末に対してDefender
for Business（脅威対策）を展開します。

1 Microsoft 365 Defenderを開き、［設定］を開きます。

https://security.microsoft.com/

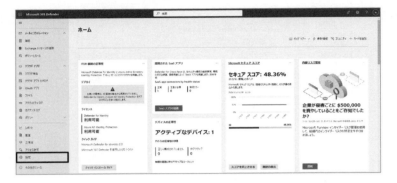

2 [エンドポイント] を開きます。

3 [高度な機能] にある [Microsoft Intune接続] を [オン] にして [ユーザー設定の保存] をクリックします。

4 Microsoft Intune管理センターに移動して［エンドポイントセキュリ
ティ］を開きます。

https://endpoint.microsoft.com/

5 ［Microsoft Defender for Endpoint］を開きます。

6 各種デバイスからMicrosoft Defender for Endpointに接続するよう
に有効化を行い、［保存］をクリックします。

　前述の手順でオンボードが始まります。オンボードまで少し時間がかか
りますので、時間を置いてから、オンボードできたかどうかをMicrosoft
365 Defenderの画面で確認してみましょう。

1 Microsoft 365 Defenderを開き、[デバイス]を開きます。
Intuneでオンボードした端末が一覧にあることを確認します。反映さ
れていないようであれば、少し時間を置いて再度確認してみます。

　オンボードしたWindowsクライアント端末で適切にインシデントを検
出できるかを次の手順で確認しましょう。

1 オンボードしたWindowsクライアント端末にログインし、コマンド

プロンプトを管理者の権限で起動して次のスクリプトを実行します。

```
powershell.exe -NoExit -ExecutionPolicy Bypass -WindowStyle
Hidden $ErrorActionPreference= 'silentlycontinue';(New-
Object System.Net.WebClient).DownloadFile('ht
tp://127.0.0.1/1.exe', 'C:\\test-WDATP-test\\invoice.
exe');Start-Process 'C:\\test-WDATP-test\\invoice.exe'
```

2 少し待ってMicrosoft 365 Defenderを開き、[インシデント]に先ほ
どのインシデントが追加されていることを確認します。

4-4-7　エンドポイント端末の運用監視

　本節では、デバイス管理にMicrosoft Intune、脅威対策にDefender for
Business／Endpointを利用しました。本項では、これらのツールのそれ
ぞれで監視を行う方法について確認します。

　まずは、Microsoft Intuneのポリシーの適合状況を確認する方法から見

ていきましょう。

1 Microsoft Intune管理センターを開き、[デバイス] → [モニター] を
開きます。

2 [準拠していないデバイス] を開き、ポリシーに適合していない端末を
確認します。

Microsoft Intuneのモニターでは、さまざまな切り口で現状のデバイス
の状況を分析できるようになっています。必要な切り口のページを開いて
確認してみましょう。

続いて、Defender for Businessの検出状況を確認しましょう。画面は
Microsoft 365 Defenderです。ここまでの手順の中で紹介したインシデ

ントを確認することになります。本項では、インシデントが発生した際、どのようにインシデントに対応していくのか、インシデント対応者の割り当てから調査分析までの大まかな流れを確認してみましょう。

1 Microsoft 365 Defenderを開き、[インシデント] で調査したいインシデントを開きます。

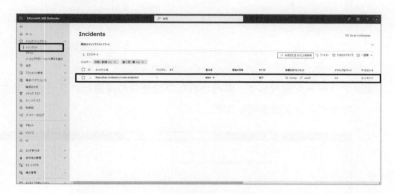

2 まずはインシデントの調査の担当者を指定するために、[インシデントの管理] を開きます。

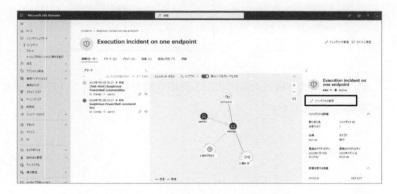

3 [割り当て先] を指定して [保存] をクリックします。

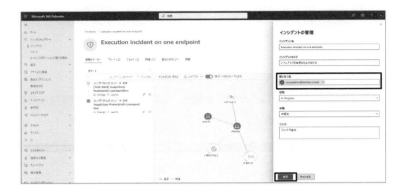

4 アラートを選択して、実行されたプロセスの詳細とアラートが発生し
たタイミングを確認します。

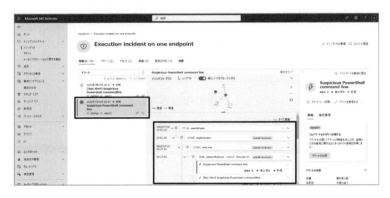

　デバイス管理と脅威対策の状況の確認や調査の方法について基本的な操
作を確認できました。

4-5 業務システムのゼロトラスト化

本節では、社内で稼働する勤怠システムや交通費精算システムなどの業務システムをゼロトラスト化していく具体的な方法について学習します。社内システムもいきなり完全なゼロトラスト化は難しいので、IaaSを使った中間ステップを踏み、PaaSを使った完全な独立環境を最終的に目指します。

4-5-1 既存業務システムのゼロトラスト化

本項では、オンプレミス環境で動作する既存サーバーをゼロトラスト化していく手法を見ていきましょう。

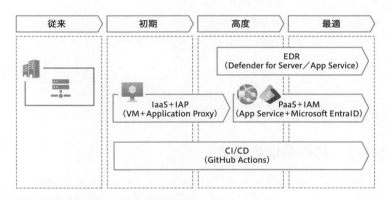

図12 業務システムのゼロトラスト移行

従来の状態である境界型セキュリティ環境では、ネットワーク境界の内側が安全であることを前提としているため、外部からのアクセスがあったとしてもVPNを使用することを想定しており、通常は追加の認証なしで業務システムにアクセスできる状態です。

最初のゼロトラスト化は、IAPを活用して外部からアクセスできるよ

うにすることです。ハンズオンでは、Azure Application Proxyを利用
し、Microsoft Entra IDの認証を通過できれば業務システムにアクセスで
きるといった状態を目指します。また、後続の自動化に向けて、GitHub
Actionsを使ったパイプラインの構築も行います。

　続いて行っていくゼロトラスト化は、サーバーにEDRを導入し、侵入検
知を行えるようにすることです。今回は、Defender for Serverを利用して
アンチウィルスと脆弱性診断が実行されるようにします。

　そのあとで目指すのは、業務システムをIaaS（仮想マシン）からPaaS（今
回はAppServiceを利用）に移行し、OIDC（Microsoft Entra ID）を利用し
たデプロイを可能にすることです。さらに、GitHub Actionsに業務アプリ
ケーション自体の脆弱性を除去するパイプラインを組み込み、最後にPaaS
自体のセキュリティの強化を行います。

　本ハンズオンは次を前提として進めます。

- GitHubアカウントがある
- Azureアカウントがある
- ローカルの開発環境に次がインストールされている
  - Git
  - Node.js 18 or later
  - Visual Studio Code

4-5-2　初期環境の構築

　まずは従来の境界型セキュリティの社内システムに相当する状態として、
Azure上にオンプレミス環境を想定したWebアプリケーションの実行環境
を構築します。作成するWebアプリケーションはNode.jsを使ったもので、
あとのハンズオンでGitHub Actionsを利用することを考慮してGitHubを
使ったソース管理を行います。

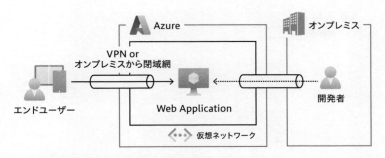

図13　構築するオンプレミス環境相当の環境

最初に、GitHubにリポジトリを作成し、ローカル環境で開発できる状態にします。

1　GitHubにアクセスし、新規リポジトリを作成します。

今回は [Owner] に個人アカウントを指定し、リポジトリは [Public] で作成します。

2　作成したリポジトリのアドレスをコピーしておきます。

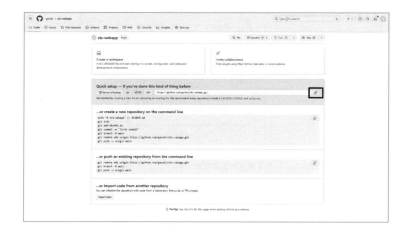

3 Visual Studio Codeを起動し、左メニューにある [ソース管理] に移動します。

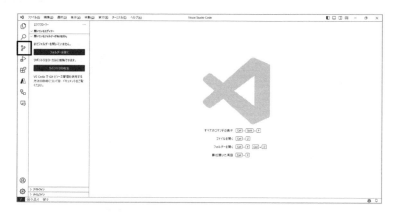

4 [リポジトリのクローン] をクリックし、先ほどコピーしておいたアドレスを入力します。クローン先のローカルパスには、マイドキュメントなどの適当なフォルダを選択します。

5 左メニューから［エクスプローラー］に移動し、.gitignore ファイルを
新規に作成します。

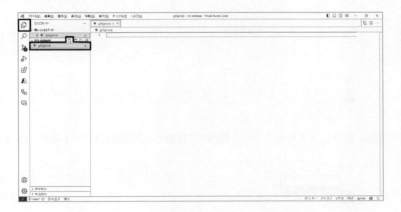

6 gitignore.ioのサイトを開き、Visual Studio CodeとNode.jsを含
んだテンプレートを作成し、先ほど作成した空の.gitignore ファイル
にコピー&ペーストします。

https://www.toptal.com/developers/gitignore

↓

7 左メニューから [ソース管理] に移動し、初回のコミットを行います。

8 三点アイコンをクリックし、リモートリポジトリにプッシュします。

　GitHubを使った管理を行うためのひな型ができたので、続いてNode.jsを使った簡単なWebアプリケーションを作っていきましょう。サンプルアプリケーションはゼロから作ると大変かつ本書の本質から外れてしまうので、今回はジェネレーターを使って簡易的なものを生成します。

1 コマンドプロンプト（またはターミナル）を開き、次のコマンドを実行します。

```
npx express-generator sample-webapp --view ejs
```

2 作成されたフォルダを開き、フォルダ内にあるファイルをあらかじめ作成しておいたGit管理下にあるフォルダ（プロジェクトフォルダ）に

移動します。

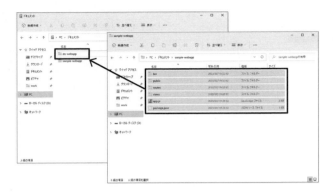

3 Visual Studio CodeでGit管理のプロジェクトフォルダを開きます。

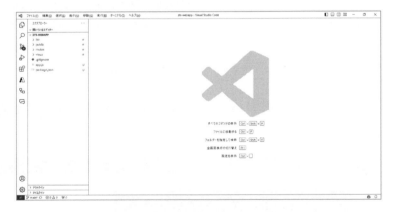

4 [表示] → [ターミナル] を開き、次のコマンドを実行します。
これを実行すると、Node.jsのアプリケーションを動作させるために
必要なパッケージがダウンロードされます。

```
npm install
```

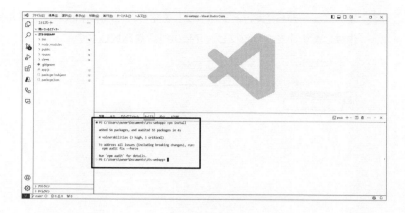

5 /package.jsonを開き、ビルドおよびテストに相当するスクリプトを
実装します。通常、このテストコマンドで、単体テストやリンター（コー
ディング規約にのっとっているかのチェック）のような確認を行える
ようにしておきます。

4

ゼロトラストへの移行

/package.json

```
{
    ...省略...
    "scripts": {
      "start": "node ./bin/www",
      "build": "echo 'building ...'",   // 追記
      "test": "echo 'testing ...'"      // 追記
    },
    ...省略...
}
```

245

6 左メニューから［実行とデバッグ］を開き、［launch.jsonファイルを作成します。］をクリックし、［Node.js］を選択します。

デバッグを実行する際の設定ファイル（launch.json）のひな型が作成されるので、デフォルトのまま保存します。

7 ［デバッグ実行］をクリックします。

環境によっては、次のようなファイアウォールの設定についての確認画面が表示される場合があります。この画面が出た場合は、［アクセスを許可する］をクリックしてください。

8 ブラウザを立ち上げて次のアドレスにアクセスします。

http://localhost:3000/

9 デバッグの実行を停止します。

10 左メニューから［ソース管理］を開き、適当なコメントを入力して［コミット］をクリックします。

11 ［変更の同期］をクリックしてリモートに反映します。

　サンプルとなるWebアプリケーションが完成したので、作成したWebアプリケーションをAzure上の仮想マシンにデプロイします。構成する環境は次の図のとおりです。

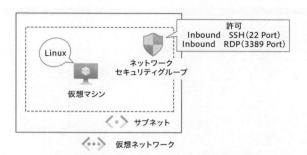

図14　オンプレミス環境相当のWebアプリケーション実行環境

　デプロイ先にはLinux（今回はCentOS）を利用します。ネットワーク構成は完全な閉域網としたいところですが、ハンズオンでは作業の利便性から、ローカルの作業端末のIPアドレスからのみデプロイ先のLinux仮想マシンへのSSH接続を許可するように設定します。また、あとの作業でRDP接続も利用するので、ローカルの作業端末のIPアドレスからのみRDP接続もできるようにしておきます。

表9　Webアプリケーション実行環境

仮想ネットワーク	
IPアドレス空間	10.0.0.0/8
サブネット	default(10.0.0.0/24)
ネットワークセキュリティグループ	
接続先サブネット	作成した仮想ネットワークのdefaultサブネット
受信規則	・自分のIPからSSH（22ポート）を宛先Anyで許可 ・自分のIPからRDP（3389ポート）を宛先Anyで許可
業務システムサーバー	
OS	CentOS 8
SSH公開鍵	新規作成
パブリックIP	あり

　CentOSはイメージの一覧にないので、［すべてのイメージを表示］を開いて［CentOS-based］の中から選びます。CentOSが見あたらない場合は、Red Hat Enterprise Linuxを利用してください。

4

ゼロトラストへの移行

　Linuxの場合、パスワードの代わりにSSH公開鍵を利用できるので、SSH公開鍵を利用します。

　SSH公開鍵のダウンロードは新規作成時に一度しかできないので、忘れずにダウンロードしてなくさないように保管しておきます。

　仮想マシンの作成が完了したら、作成済みの仮想マシンを開き、概要にある［パブリックIPアドレス］をメモしておきます。パブリックIPアドレスはあとで仮想マシンに接続する際に利用します。

　仮想マシンを作成し、接続に利用するパブリックIPアドレスの取得まで完了しました。ここからは、ローカルPC（開発環境PC）でこれまでに作成してきたWebアプリケーションを、先ほど作成した仮想マシンにデプロイします。

1 Visual Studio Codeを開き、作成したWebアプリケーションのフォルダを開いておきます。

2 [ターミナル] → [新しいターミナル] を開きます。

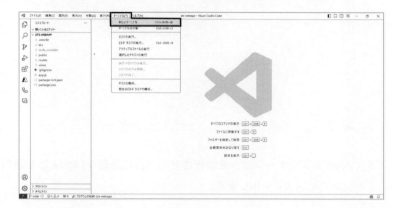

3 次のコマンドを実行して、作成したWebアプリケーションの圧縮と仮想マシンへの転送を行います。

```
tar --exclude .git -zcf webapp.tar.gz ./
scp -i {PEMファイル} ./webapp.tar {VM_USERNAME}@{VM_IP}:~/
```

4 SSHを使って仮想マシンに接続します。

```
ssh -i {PEMファイル} {VM_USERNAME}@{VM_IP}
```

5 Webアプリケーションを動作させるために必要なNode.jsを仮想マシンにインストールします。

```
sudo yum install https://rpm.nodesource.com/pub_18.x/nodist
ro/repo/nodesource-release-nodistro-1.noarch.rpm -y
sudo yum install nodejs -y --setopt=nodesource-nodejs.module_
hotfixes=1
```

6 ローカルPCからアップロードしたWebアプリケーションを展開、配置します。

```
cd ~
sudo mkdir /app
sudo chmod 777 /app
sudo tar -xf ./webapp.tar.gz -C /app
sudo chown -R root:azureuser /app
sudo chmod -R 775 /app
ls -l /app
```

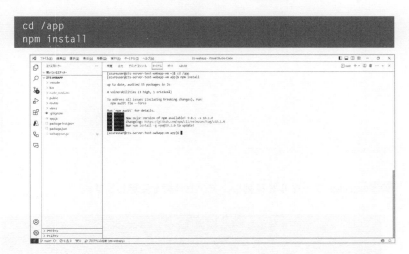

7 Webアプリケーションが動作できるように初期化します。

```
cd /app
npm install
```

8 サービスとしてWebアプリケーションを起動できるようにするため、

4

ゼロトラストへの移行

serviceファイルを作成します。

```
cd ~
vi ./webapp.service
```

作成するファイルの内容は次のようにします。

```
[Unit]
Description=Node Web Application
After=network.target

[Service]
Type=simple
WorkingDirectory=/app
ExecStart=/usr/bin/npm start
ExecStop=/bin/kill -s QUIT $MAINPID
Restart=on-failure

[Install]
WantedBy=multi-user.target
```

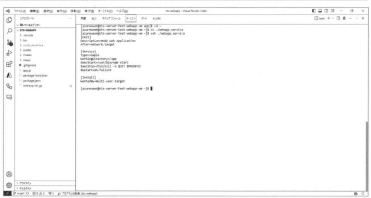

9 serviceファイルを移動し、アクセス権を変更します。

```
cd /app
sudo mv ~/webapp.service /etc/systemd/system/
cd /etc/systemd/system/
sudo chmod +x ./webapp.service
sudo chcon system_u:object_r:systemd_unit_file_t:s0 ./webapp.
service
ls -lZ ./webapp.service
```

10 サービスを起動します。

```
sudo systemctl daemon-reload
sudo systemctl enable webapp
sudo systemctl start webapp
sudo systemctl status webapp
```

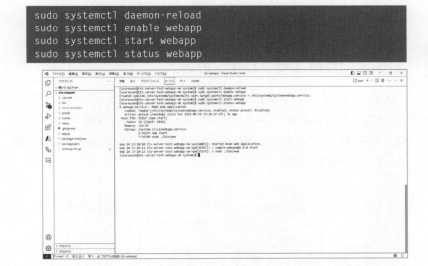

11 Webアプリケーションが正常に動作しているか動作確認をしてみます。

```
curl http://localhost:3000/
```

4

ゼロトラストへの移行

　以上で前提となる境界型セキュリティ相当の環境で動作するWebアプリケーションが完成しました。ここからは、この環境をゼロトラスト化していきます。

4-5-3　ID認識型プロキシの導入

　まずは、オンプレミス環境にある単純なWebアプリケーションに外部からアクセスできるように、IAP（Identity Aware Proxy）を導入します。今回は、IAPの1つであるMicrosoft Entra Application Proxyを使って外部からのアクセスを実現します。

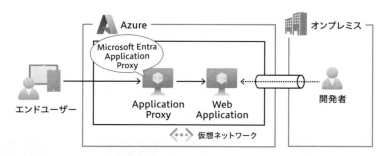

図15　オンプレミス環境にIAP導入

Application Proxy用の仮想マシンを準備します。Application Proxyは

Windows Serverで動作するので、Windows Server仮想マシンを作って
いきましょう。

1 Azureポータルから [Virtual Machines] を開き、[Azure仮想マシン]
を新規に作成します。

2 基本設定を入力して [次：ディスク] をクリックします。

- イメージ：Windows Server 2012 R2以降を選択
- パブリック受信ポート：なし

3 ディスクは必要に応じて見直して変更し、[次：ネットワーク] をクリックします。

4 ネットワークは作成済みの環境に配置するように設定して、[確認および作成] をクリックします。

- 仮想ネットワーク：作成済みのもの
- サブネット：作成済みのもの
- パブリックIP：新規作成
- NICネットワークセキュリティグループ：なし

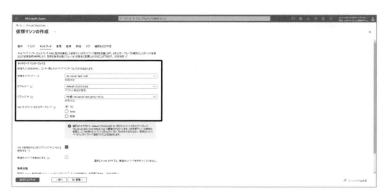

5 [作成] をクリックします。

　Application Proxy用のサーバーを用意できたので、続けて、作成した
Windows ServerにApplication Proxyをインストールし、設定していき
ましょう。

1　Azureポータルを開き、作成したWindows Server仮想マシンを開き
ます。表示されるパブリックIPアドレスをメモしておきます。

2　リモートデスクトップ接続を使って接続します。

3 サーバー内でAzureポータルにアクセスし、Microsoft Entra IDを開いたうえで [管理] → [アプリケーションプロキシ] をクリックします。

4 [コネクタサービスのダウンロード] を開き、[規約に同意してダウンロード] をクリックします。

5 ダウンロードしたインストーラーをApplication Proxy用のWindows
Server内で起動して、インストールを行います。
途中、Microsoft Entra IDへのログインが求められるので、グローバ
ル管理者ロールのあるユーザーでログインします。

6 Windowsメニューを開き、「サービス」を検索して開きます。
サービスの一覧の中に次の2つがあり、起動していることを確認します。

- Microsoft AAD Application Proxy Connector
- Microsoft AAD Application Proxy Connector Updater

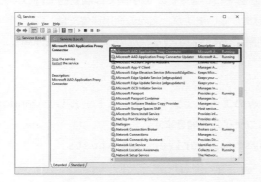

7 AzureポータルでMicrosoft Entra IDを開き、[管理] → [アプリケー
ションプロキシ] をクリックします。
エージェントをインストールしたサーバーが一覧に追加されているこ
とを確認します。

外部から内部にApplication Proxyを介してアクセスさせるためには、そもそもApplication ProxyをインストールしたWindows Server内からイントラ内で稼働するWebアプリケーションにアクセスできる必要があります。また、この内部アクセスにおいて、Application ProxyはIPアドレスを直接指定するのではなくドメイン名によってアクセスできる必要があります。

次の手順で、Application ProxyをインストールしたWindows Serverからイントラ内のWebアプリケーションにドメイン名でアクセスできるように設定および動作確認を行います。次の手順では簡易的に行うためにhostsファイルを直接編集していますが、実際の運用環境では、プライベートDNSを利用した名前解決ができるような構成のほうが汎用性が高く、理想的です。

1 Application Proxyのエージェントをインストールした Windows Server上でhostsファイルを開きます。

`C:\Windows\System32\drivers\etc\hosts`

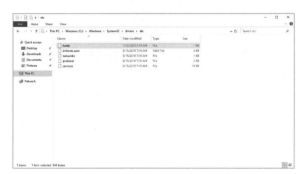

2 WebアプリケーションサーバーのプライベートIPアドレスへの接続
　　情報を追記して保存します。

3 ブラウザを立ち上げてhostsに登録したドメイン名でアクセスできる
　　ことを確認します。

　Application Proxyのエージェントを入れたサーバーからWebアプリ
ケーションへのイントラネットワーク通信ができることを確認できました。
最後に、外部からApplication Proxyのエージェントを経由し、内部の
Webアプリケーションにアクセスできるように、Application Proxyの外
部公開を行います。

1 AzureポータルからMicrosoft Entra IDを開き、[管理] → [エンター
　　プライズアプリケーション] をクリックします。

4

ゼロトラストへの移行

263

2 [新しいアプリケーション] を開きます。

3 [オンプレミスのアプリケーションの追加] をクリックします。

4 次の情報を設定して [作成] をクリックします。

- 名前：任意
- 内部 URL：前の手順でhostsに設定してアクセスしたアドレス
- 外部 URL：任意
- 事前認証：Azure Active Directory

5 追加されたアプリケーションをクリックして開きます。

6 [管理] → [ユーザーとグループ] を開きます。

アプリケーションにアクセスできるユーザーやグループを設定します。

4

ゼロトラストへの移行

265

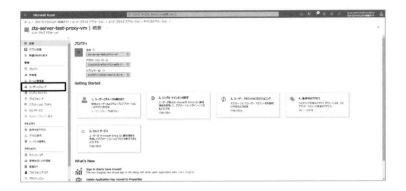

7 [ユーザーまたはグループの追加] を開きます。

8 [ユーザーとグループ] に表示されたリンクを開き、アクセスを許可したいユーザーを選択します。

9 ［割り当て］をクリックして確定します。

10 指定したユーザーが追加されていることを確認します。

　以上でIAPの構築が完了しました。続いて、動作確認を行っていきましょう。アクセスを許可する設定をしたユーザーで外部URLにアクセスし、イントラ内にあるWebアプリケーションにアクセスできることを確認してみます。

1 作成したエンタープライズアプリケーションの［管理］→［アプリケーションプロキシ］を開き、外部URLのリンクをコピーします。

2 コピーしたリンクを別のブラウザまたはブラウザのシークレットモードで開きます。

ログイン画面が表示されるので、アクセスを許可したユーザーのいずれかでログインします。

3 ログインできたら、外部URLでイントラ内のWebアプリケーションへのアクセスを実現できていることを確認します。

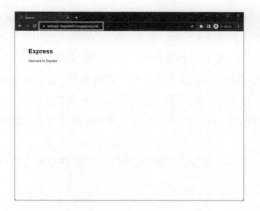

　以上の実装により、外からイントラ内のWebアプリケーションにIAMの認証を受けたうえでアクセスできる環境を構築できました。本項では説明していませんが、Microsoft Entra IDの認証を経由するので、EDR (Intune)を組み合わせることで、条件付きアクセスにより強固な本人確認やセキュリティ要件の強制を求めることが可能になります。

4-5-4　CI/CDの導入

　イントラ内のWebアプリケーションが外部に露出すると気になるのが、Webアプリケーション自体の脆弱性対策です。本項では、CI/CDパイプラインによって、脆弱性の早期検出や対策ができるような仕組みの足がかりを構築していきます。

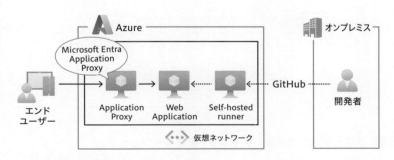

図16　オンプレミス環境にCI/CDを導入

ゼロトラストへの移行

4

今回は、GitHub Actionsを利用してCI/CDパイプラインを作成します。イントラ内の仮想マシンにデプロイしたい場合、外から直接内部のサーバーにはアクセスできないので、セルフホストランナーと呼ばれるサーバーをイントラ内に用意し、このセルフホストランナー経由でデプロイするようにします。セルフホストランナーの通信はGitHubに向かって出ていく方向になるため、イントラ内に入る方向に何かしらの通信を許可する必要がないことが利点です。

　ではさっそく、セルフホストランナー用の仮想マシンの作成から始めましょう。

1 Azureポータルを開き、[Virtual Machines] を開きます。

2 [作成] → [Azure仮想マシン] を選択します。

3 次の設定をして [次：ディスク] をクリックします。

- 仮想マシン名：任意

- 地域：Japan East (リソースグループに合わせる)
- イメージ：CentOS 8 ([すべてのイメージを表示] から選択)
- 認証の種類：SSH公開キー
- SSH公開キーのソース：Azureに格納されている既存のキーを使用する
- 格納されたキー：以前作成したキーを指定
- パブリック受信ポート：なし

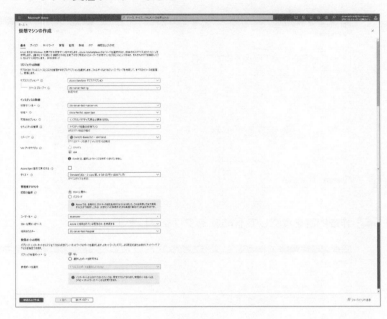

4 ディスクは必要に応じて修正して [次:ネットワーク] をクリックします。

5 ネットワークは作成済みの既存ネットワークに配置するように設定
し、[確認および作成] をクリックします。

- 仮想ネットワーク：作成済みのもの
- サブネット：作成済みのもの
- パブリック IP：新規作成
- NIC ネットワークセキュリティグループ：なし

6 作成内容を確認して [作成] をクリックします。

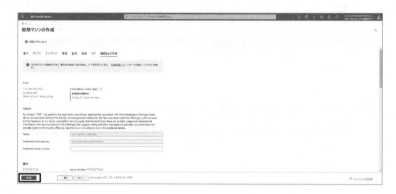

以上でセルフホストランナー用の仮想マシンを準備できましたので、仮
想マシンに接続してランナーとしてのセットアップを行っていきましょう。

1 Azure ポータルで作成済みのセルフホストランナー用の仮想マシンを

272

開き、パブリックIPアドレスを確認します。

2 ターミナル（コマンドプロンプト、PowerShell、Git Bashなど）を立ち上げ、仮想マシンへのSSH接続を行います。次では、Visual Studio Codeのターミナルを利用して作業を進めています。

```
ssh -i {PEMファイル} {VMユーザー名}@{VM IPアドレス}
```

3 ランナー内ではDockerを利用するため、次の手順でDockerをインストールします。

```
sudo yum install -y yum-utils
sudo yum-config-manager --add-repo https://download.docker.com/linux/centos/docker-ce.repo
sudo yum install -y docker-ce docker-ce-cli containerd.io
```

```
docker-buildx-plugin docker-compose-plugin
sudo systemctl enable docker
sudo systemctl start docker
```

4 Dockerを普通にインストールしただけだと、SELinuxの影響で現在
のユーザーでは利用できないため、グループ設定を見直します。

```
sudo systemctl stop docker
sudo gpasswd -a $(whoami) docker
sudo chgrp docker /var/run/docker.sock
sudo systemctl start docker
```

5 設定の変更を反映させるため、いったん仮想マシンへの接続を切断し、
再度ログインして、dockerコマンドを利用できることを確認します。

```
docker ps
```

ランナーとして必要なものはそろったので、ここからはランナーのインストールを行います。

1 セルフホストランナー用の仮想マシンにログインした状態（直前の作業の続き）で、ランナーが動作するために必要なフォルダを準備します。

```
cd /
sudo mkdir /_work
sudo chmod 777 /_work
ls -1 / | grep _work
cd /_work
```

2 GitHubのリポジトリを開き、[Settings] に移動します。

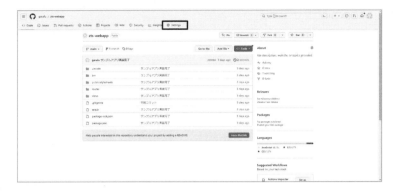

3 [Actions] → [Runners] を開き、[New self-hosted runner] をクリックします。

4 [Linux] を選択し、[Download] と [Configuration] のコマンドを順に実行していきます。なお、Optionalのハッシュ値の確認は任意なのでスキップして進めます。

```
cd /_work
mkdir actions-runner && cd actions-runner
curl -o actions-runner-linux-x64-2.306.0.tar.gz -L https://gi
thub.com/actions/runner/releases/download/v2.306.0/actions-
runner-linux-x64-2.306.0.tar.gz
tar xzf ./actions-runner-linux-x64-2.306.0.tar.gz
```

```
./config.sh --url https://github.com/{アカウント名}/{リポジトリ名}
--token {トークン}
```

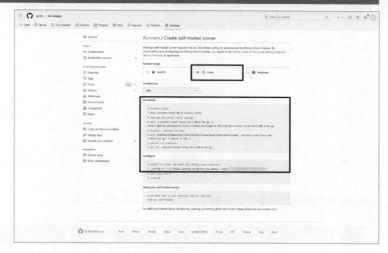

5 GitHubの案内にあるとおり、ランナーを起動しても動作はしますが、
サービスとして起動したほうが実運用を想定すると使いやすいため、
次の手順でサービスとして起動する準備を行います。

```
sudo ./svc.sh install
chcon system_u:object_r:usr_t:s0 runsvc.sh
```

6 起動の準備ができているので、サービスを起動します。

```
sudo ./svc.sh start
```

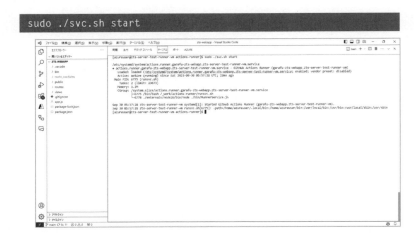

7 GitHubの [Runners] に登録されていることを確認します。

セルフホストランナーが完成し、デプロイできる状態になりました。続いて、CI/CDのパイプラインの実装を行います。

1 Visual Studio Codeを立ち上げ、Webアプリケーションの仮想マシンにデプロイするパイプラインファイルを作成します。GitHub Actionsのパイプライン定義ファイルは、定義ファイルがYAMLファイルであることと配置する場所（/.github/workflows/）が決まっています。ファイル名は任意で問題ありません。今回は次のような定義ファイルを作成します。

/.github/workflows/deploy-iaas-vm.yml

```yaml
name: Azure VM Deploy

on:
  workflow_dispatch:

env:
  NODEJS_VERSION: 18.x

jobs:
  build-deploy:
    runs-on: self-hosted
    steps:
      - name: Checkout
        uses: actions/checkout@v3
      - name: Setup Node.js
        uses: actions/setup-node@v2.1.5
        with:
          node-version: ${{ env.NODEJS_VERSION }}
          cache: "npm"
          cache-dependency-path: "./package-lock.json"
      - name: Install dependencies
        run: npm ci
      - name: Build Node.js app
        run: npm run build
      - name: Test Node.js app
        run: npm run test
      - name: Transfer build files
        uses: appleboy/scp-action@v0.1.4
        with:
          host: ${{ secrets.AZURE_VM_IP }}
          username: ${{ secrets.AZURE_VM_USERNAME }}
          key: ${{ secrets.AZURE_VM_KEY }}
```

```
      source: "./*"
      target: "~/app"
  - name: Restart service
    uses: appleboy/ssh-action@v0.1.10
    with:
      host: ${{ secrets.AZURE_VM_IP }}
      username: ${{ secrets.AZURE_VM_USERNAME }}
      key: ${{ secrets.AZURE_VM_KEY }}
      script: |
        sudo systemctl stop webapp
        sudo rm -rf /app/*
        sudo mv ~/app/* /app
        sudo systemctl start webapp
```

2 作成したパイプラインファイルをコミット、プッシュします。

3 デプロイ先のWebアプリケーションの仮想マシンにはすでに手動で
デプロイした既存のアプリケーションがあるので、パイプラインが動
作していることを確認するために、Webアプリケーションを一部改
変します。今回は、トップページに表示される文言を修正します。

/views/index.ejs

```html
<!DOCTYPE html>
<html>
  <head>
    <title><%= title %></title>
    <link rel='stylesheet' href='/stylesheets/style.css' />
  </head>
  <body>
    <h1><%= title %></h1>
    <p>Welcome to <%= title %> ✎</p>
  </body>
</html>
```

4 修正したindex.ejsファイルをコミット、プッシュします。

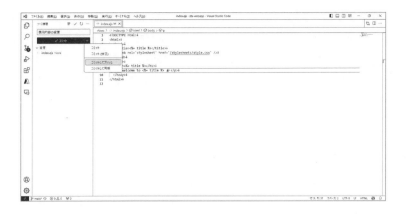

5 GitHubのリポジトリを開き、[Security] の [Secrets and variables]
→ [Actions] をクリックします。

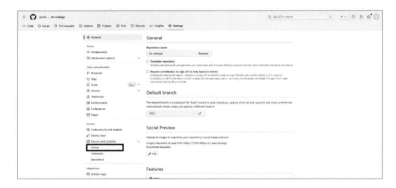

6 [New repository secret] をクリックし、次の3つを新規のシーク
レットとして登録します。いずれもパイプライン中で引用している
シークレットなので、パイプライン中の変数名に合わせて登録します。

- AZURE_VM_IP：Webアプリケーションが稼働している仮想マシン
  のプライベートIPアドレス
- AZURE_VM_USERNAME：Webアプリケーションが稼働している
  仮想マシンに接続するためのユーザー名
- AZURE_VM_KEY：Webアプリケーションが稼働している仮想マシ
  ンに接続するために利用する認証鍵。テキストファイルとして開いて

変数にコピーします。

7 変数が登録されたことを確認し、[Actions] タブに移動します。

8 作成したパイプライン「Azure VM Deploy」に移動します。

9 [Run workflow] をクリックし、[Run workflow] を選択してパイプラインを実行します。

10 実行中のパイプラインを開きます。

11 実行中の処理内容を確認します。

12 すべて問題なく完了したことを確認します。エラーが発生した場合は、この画面でログを確認できるので、原因を特定して対処します。

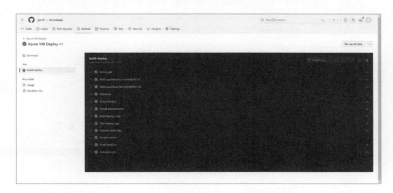

　CI/CDを使ったデプロイが無事に完了していれば、Webアプリケーションは更新されているはずです。Application Proxy経由でアクセスして更新されたことを確認してみましょう。

1 AzureポータルでMicrosoft Entra IDを開き、[管理] → [エンタープライズアプリケーション] をクリックします。

2 Application Proxyに相当するアプリケーションをクリックします。

4

ゼロトラストへの移行

3 [管理] → [アプリケーションプロキシ] をクリックします。

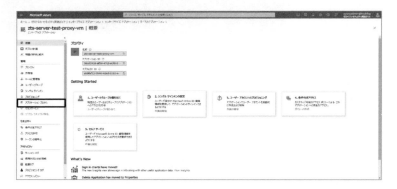

4 [外部URL] にあるURLをコピーし、別のブラウザでWebアプリケーションを開きます。

5 Webアプリケーションの画面が更新されていれば、CI/CDパイプラインは問題なく完成していることになります。

4-5-5　仮想マシンへのEDRの導入

　外部に公開された仮想マシンに対するさらなるセキュリティの強化を図るため、EDRを導入します。

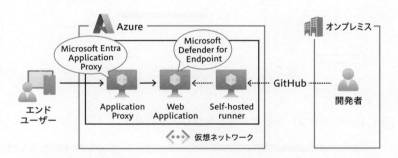

図17　オンプレミス環境のWebアプリケーションサーバーにEDRを導入

　今回は、EDRとしてMicrosoft Defender for Endpointを導入します。Azure上の仮想サーバーにDefender for Endpointを導入したい場合、Defender for CloudのDefender for Serverを有効化することで利用できます。次の手順でDefender for Endpointを有効化していきましょう。

1 Azureポータルから [Defender for Cloud] を開きます。

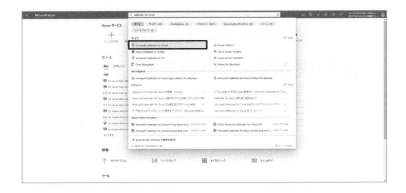

2 [管理] → [環境設定] を開きます。

3 利用中のサブスクリプションをクリックします。

4 Defender for Serverを [オン] にします。

5 [プランの変更] をクリックして適切なプランを選択します。

6 [構成の編集] をクリックします。

7 ［Microsoft Defender for Endpoint］を［オン］にし、［Continue］
をクリックして設定を保存します。この設定により、Defender for
Endpointが自動でプロビジョニングされるようになります。

8 すべての設定が完了したので［保存］をクリックして設定を反映します。

9 Defender for Endpointが各仮想マシンにインストールされるまで少
し時間をあけたあと、任意の仮想マシンを開きます。［設定］→［拡張
機能とアプリケーション］をクリックします。

10 拡張機能に [MDE.Linux] または [MDE.Windows] が含まれていれば
インストールが完了しています。

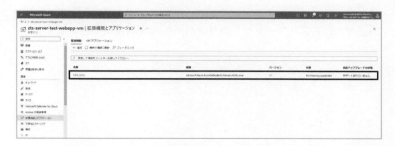

11 続けて、Microsoft 365 Defenderポータルにアクセスし、[デバイス]
を開きます。
https://security.microsoft.com

12 作成した仮想マシンがデバイスの一覧に反映されていることを確認し
ます。

Linuxの場合、ウィルス対策機能の有効化が必要になります。次の手順で有効化していきます。

1 WebアプリケーションのサーバーへのSSH接続を行います。

2 次のコマンドでウィルス対策機能を有効化します。

```
sudo mdatp config real-time-protection --value enabled
mdatp health --field real_time_protection_enabled
```

3 ウィルス対策機能が有効化されているか、次のコマンドで動作確認をします。

```
curl -o ~/eicar.com.txt
https://www.eicar.org/download/eicar.com.txt
```

4 少し時間をあけてMicrosoft 365 Defenderポータルにアクセスします。
[インシデントアラート] → [インシデント] を開きます。

5 先ほどテストで実行したインシデントが検知されていることを確認し
ます。

6 インシデントをクリックすると詳細を確認できます。

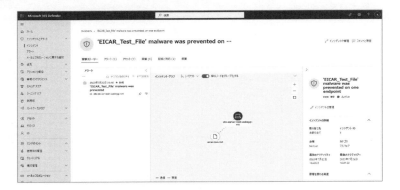

4-5-6　PaaS＋IAM環境への移行（CI/CD）

　IaaSのまま稼働させることももちろん可能ですが、仮想マシンへのパッチ適用やOSのバージョンアップが負荷になります。そこで、PaaSに移行して運用負荷を軽減し、ほかのセキュリティを改善する活動や機能改善の活動に時間をかけられるようにします。また、セルフホストランナーの場合、GitHubと暗黙的な接続を行っていますが、Microsoft Entra IDを使った認証を経由してデプロイできるようにすることで、デプロイ環境をより安全にしていきます。

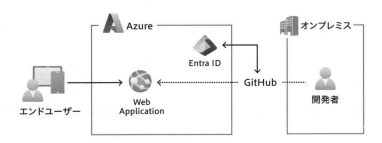

図18　PaaS + IAM環境へ移行

　今回はPaaSとしてApp Serviceを利用します。PaaSなので、インフラ面の管理に加え、ミドルウェアの管理までMicrosoft側で面倒を見てくれます。

本来注力すべきアプリケーションの開発のみに集中できるサービスです。

　ではさっそく、App Serviceのデプロイを行い、PaaSへの移行を行いましょう。

1 Azureポータルから [App Service] を開きます。

2 [作成] → [Webアプリ] からWebアプリケーションを作成します。

3 基本画面では実行環境に関する情報を入力し、[次:デプロイ] をクリックします。

- 名前：任意。グローバルで一意となるため重複しないように注意
- 公開：コード
- ランタイムスタック：Node 18 LTS (作成したWebアプリケーションに合わせる)
- オペレーティングシステム：Linux
- 価格プラン：新規作成

4

ゼロトラストへの移行

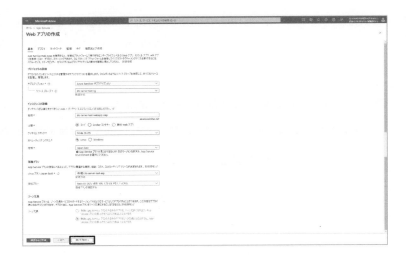

4 デプロイ方法はあとから手動で実装するので、ここでは定義しません。

5 ネットワークは外部に公開する設定にして [確認および作成] をクリックします。

- パブリックアクセスを有効にする：オン (有効)
- ネットワークインジェクションを有効にする：オフ (無効)

6 内容を確認して［作成］をクリックします。

　しばらくすると、App Serviceリソースが構築されます。次の手順で初
期ページを表示できることを確認しましょう。

1 構築が完了したページで［リソースに移動］をクリックします。
　　作成が完了したApp Serviceリソースのページに遷移できます。

4

ゼロトラストへの移行

2 作成が完了したApp Serviceの概要ページで［既存のドメイン］を確認し、新しいブラウザで開きます。

3 初期ページを表示できることを確認します。

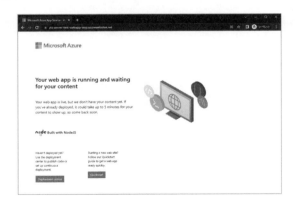

先ほど作成したApp ServiceにGitHub Actionsを使ってデプロイを行うにあたり、認証の仕組みが必要になります。今回はMicrosoft Entra IDのOpenID Connectの仕組みを利用して接続できるようにします。

まずはGitHub ActionsからAzureにアクセスするためのアカウントの作成と操作権限の付与を行います。

1 Azureポータルで Microsoft Entra IDを開き、[管理] → [エンタープライズアプリケーション] をクリックします。

2 [新しいアプリケーション] をクリックします。

3 [独自のアプリケーションの作成] をクリックし、次の設定で作成します。

- 名前：任意
- 操作：アプリケーションを登録してMicrosoft Entra IDと統合します

4 デフォルトのまま [登録] をクリックします。

5 アプリケーションの一覧に行が増えていることを確認し、新規に作成したアプリケーションを開きます。

6 [管理] → [シングルサインオン] を開き、[アプリケーションに移動]
をクリックします。

7 [管理] → [証明書とシークレット] を開きます。

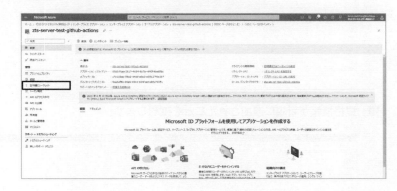

8 [フェデレーション資格情報] タブに移動し、[資格情報の追加] を選択
します。

9 接続するGitHub Actionsの情報を入力して[追加]をクリックします。

- 組織：個人のアカウント名またはOrganizationの組織名
- リポジトリ：GitHub Actionsを使うリポジトリ名
- エンティティ型：ブランチ
- GitHubブランチ名：main (GitHubのデフォルト)
- 名前：任意

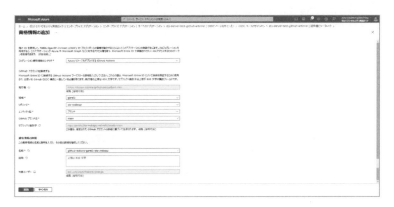

10 資格情報が新規に追加されたことを確認します。

11 [概要] ページに戻り、次の2つの値をメモしておきます。

- アプリケーション (クライアントID)
- ディレクトリ (テナント) ID

　前述の手順でGitHub ActionsからAzureに接続するためのIDを準備できました。続いて、当該IDで利用できる操作権限が必要になります。次の手順でサブスクリプションを操作できる権限を付与していきます。

1 Azureポータルで [サブスクリプション] を開きます。

2 利用中のサブスクリプションをクリックします。

3 [アクセス権限 (IAM)] を開き、[追加] → [ロールの割り当ての追加]
をクリックします。

4 [特権管理者ロール] タブに移動し、[共同作成者] を選択します。

5 作成したエンタープライズアプリケーションをメンバーに追加します。

6 内容を確認して [レビューと割り当て] をクリックします。

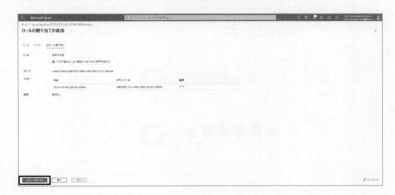

7 作成したエンタープライズアプリケーションにロールが設定されたことを確認します。

8 [概要] ページを開き、サブスクリプションIDをメモしておきます。
あとでGitHub Actionsの設定で利用します。

　GitHub ActionsからAzureにアクセスする準備ができました。最後に
GitHub Actionsのパイプラインを作成し、実行できる環境を作ります。
まずは、App Serviceにデプロイするためのパイプラインが必要なので、
Visual Studio Codeを立ち上げてパイプラインの作成から始めましょう。

1 Visual Studio CodeでWebアプリケーションのフォルダを開き、パ
イプラインファイルを追加します。

/.github/workflows/deploy-paas-appservice.yml

```
name: Azure AppService Deploy
```

```
on:
  workflow_dispatch:

permissions:
  id-token: write
  contents: read

env:
  NODEJS_VERSION: 18.x

jobs:
  build-deploy:
    runs-on: ubuntu-latest
    steps:
      - name: Checkout
        uses: actions/checkout@v3
      - name: Setup Node.js
        uses: actions/setup-node@v2.1.5
        with:
          node-version: ${{ env.NODEJS_VERSION }}
          cache: "npm"
          cache-dependency-path: "./package-lock.json"
      - name: Install dependencies
        run: npm ci
      - name: Build Node.js app
        run: npm run build
      - name: Test Node.js app
        run: npm run test
      - name: Azure login
        uses: azure/login@v1
        with:
          client-id: ${{ secrets.AZURE_CLIENT_ID }}
          tenant-id: ${{ secrets.AZURE_TENANT_ID }}
          subscription-id: ${{ secrets.AZURE_SUBSCRIPTION_ID }}
      - name: Deploy to Azure Web App
        uses: azure/webapps-deploy@v2
        with:
          app-name: ${{ secrets.AZURE_WEBAPP_NAME }}
          package: .
      - name: Azure logout
        run: |
          az logout
```

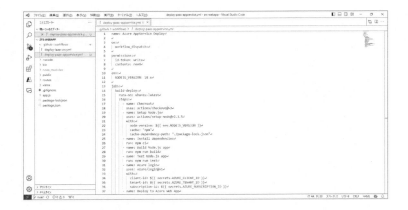

2 リポジトリにコミットし、リモートにプッシュします。

パイプラインの作成が終わったので、続けて、パイプライン中で利用しているシークレットをGitHubに登録します。

1 GitHubでリポジトリを開き、[Settings] をクリックします。

2 [Secrets and variables] → [Actions] を開き、[New repository secret] をクリックします。

3 パイプラインで利用している次のシークレットを登録します。

- AZURE_CLIENT_ID：エンタープライズアプリケーションで取得したクライアントID
- AZURE_TENANT_ID：エンタープライズアプリケーションで取得したテナントID
- AZURE_SUBSCRIPTION_ID：サブスクリプションID
- AZURE_WEBAPP_NAME：デプロイ先のApp Service名

4 すべてのシークレットの登録が完了したら、[Actions] タブに移動します。

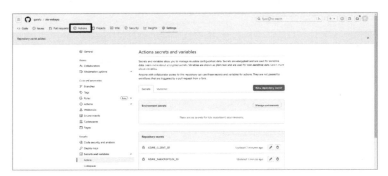

5 作成したパイプラインのページを開き、[Run workflow] → [Run workflow] をクリックしてパイプラインを実行します。

6 実行中のパイプラインを開いて進捗を確認します。

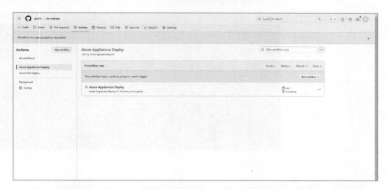

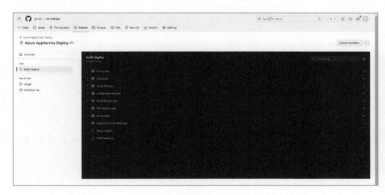

7 問題なくパイプラインが完了したことを確認します。

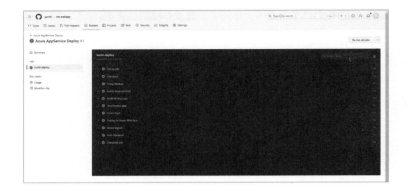

　以上でデプロイが完了しているはずなので、実際にデプロイできていることを App Service にアクセスして確認します。

1 App Service を開き、[既定のドメイン] に表示されている URL を開きます。

2 デフォルトページで Web アプリケーションが更新されていることを確認します。

　以上でIaaSからPaaSへの移行ができました。また、IaaSでは暗黙的に
GitHub Actionsとセルフホストランナーを接続していましたが、今回の変
更で、Microsoft Entra IDを介した認証認可が行われるようになりました。
これにより、GitHub ActionsからAzureに対してより安全な接続が行われ
るようになりました。

4-5-7　PaaS＋IAM環境への移行（認証）

　現状のままだと、IaaSのときのように最前面でのMicrosoft Entra ID
による認証がなく、誰でもアクセスできる状態になっています。そこで、
App ServiceにMicrosoft Entra IDの認証を組み込み、アクセスを許可し
たユーザーだけが利用できる状態にします。

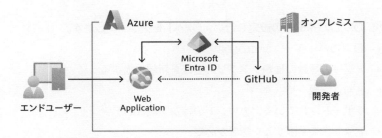

図19　PaaS環境に認証を実装

まずはApp Serviceに認証基盤としてMicrosoft Entra IDを指定します。

1 作成した App Service を開き、[設定] → [認証] をクリックします。

2 [ID プロバイダーを追加] をクリックします。

3 ID プロバイダーの設定を行い、[次へ] をクリックします。

- ID プロバイダー：Microsoft
- アプリの登録の種類：アプリの登録を新規作成する
- 名前：任意
- サポートされているアカウントの種類：現在のテナント
- アクセスを制限する：認証が必要
- 認証されていない要求：HTTP 302 リダイレクトが見つかりました

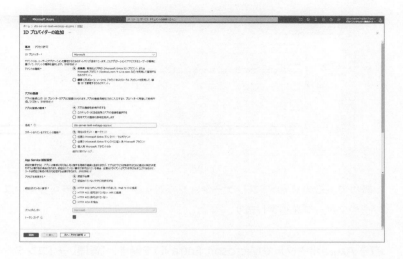

4 アクセス許可はデフォルトのまま [追加] をクリックします。

5 IDプロバイダーが登録されたことを確認します。

続けて、このWebアプリケーションに対するアクセスを許可したいユーザーやグループを指定します。

1 AzureポータルでMicrosoft Entra IDを開き、[管理] → [エンタープライズアプリケーション] をクリックします。

2 App Serviceに認証プロバイダーを指定した際、同時に作成されたアプリケーションを開きます。

3 [管理] → [ユーザーとグループ] を開き、[ユーザーまたはグループの
追加] をクリックします。

4 アクセスを許可したいユーザーまたはグループを選択して [選択] をク
リックします。

5 [割り当て] をクリックします。

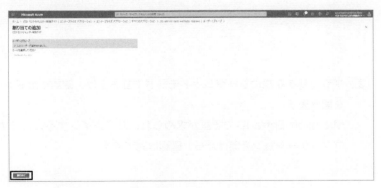

6 選択したユーザーやグループが追加されたことを確認します。

　以上で、認証とアクセス許可の設定が終わりました。実際にWebアプリケーションにアクセスしてMicrosoft Entra IDの認証が行われるかを確認してみましょう。

1 作成済みのApp Serviceを開き、[既定のドメイン] を確認します。

2 ブラウザを新規にシークレットモードで立ち上げ、確認したドメインを開きます。
Microsoft Entra IDの認証が求められ、サインインすることでWebアプリケーションを開けたら、確認は完了です。

4-5-8　CI/CDを使ったセキュリティ強化

　セキュリティ強化の施策として本項では次の3つに取り組んでいきましょう。

- dependabot
  利用しているミドルウェアのバージョンが古くなると通知
- CodeQL
  ソースコードを分析して脆弱性を検知
- GitLeaks
  パスワードやAPIキーなどの秘匿情報のハードコードを検知

4

ゼロトラストへの移行

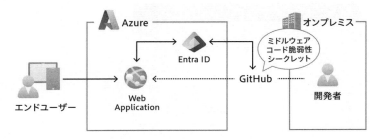

図20　CI/CDパイプラインを使ったセキュリティ強化

　行うのは、GitHubとパイプラインの追加です。それぞれ順番に実施していきましょう。

　まずはdependabotから取り組みます。

1 GitHubのリポジトリを開き、[Settings] をクリックします。

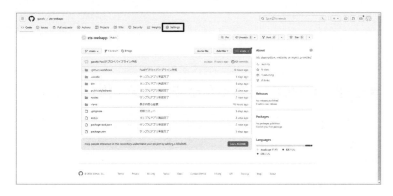

2 [Code security and analysis] を開きます。

3 [Dependabot] にある次の項目を有効化します。

- Dependabot alerts：利用しているミドルウェアに脆弱性が見つかった場合に通知
- Dependabot security updates：利用しているミドルウェアに既知の脆弱性を見つけた場合にプルリクエストを作成
- Dependabot version updates：脆弱性の有無に関わらず、利用しているミドルウェアに更新があった場合にプルリクエストを作成

4 [Dependabot version updates] を有効化すると、確認のタイミングを指定するパイプラインが作成されます。確認のタイミングを任意に指定してコミットします。ここで指定する時間はUTCである点に注意します。

4

ゼロトラストへの移行

設定自体は以上で完了です。プルリクエストやアラートについて少し確認しておきましょう。

1 [Pull requests] タブに移動します。

2 何かしら更新がある場合に、プルリクエストが表示されます。

3 [Security] タブに移動し、[Dependabot] を開きます。
何かしら脆弱性が見つかれば、警告が表示されます。

　以上でCI/CDパイプラインにおいて、利用しているミドルウェアの脆弱性の定期的な確認を実行できるようになりました。
　次に、ソースコードに脆弱性がないかのチェックを行うCodeQLを組み込んでいきましょう。

1 GitHubリポジトリを開き、[Settings] タブに移動します。

2 [Security] → [Code security and analysis] を開きます。

3 [Code scanning] にある [CodeQL analysis] の [Set up] をクリックし、[Advanced] を選択します。

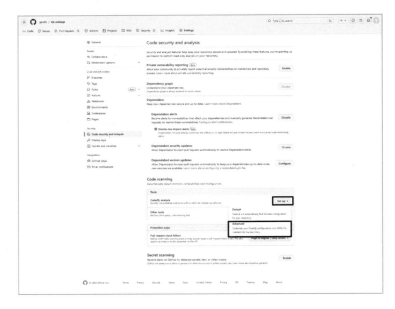

4 CodeQLを実行するパイプラインの作成画面が表示されるので、実行のタイミングを修正し、[Commit changes] をクリックします。
ここで指定するscheduleはCRON形式の「分 時 日 月 曜日」で入力

します。毎週金曜日の19:00（UTC）に実行したい場合は、「0 19 * * 5」
と入力します。

5　[Commit message] を入力して保存します。

　設定は以上で完了です。デフォルトの設定にあるpushを残して保存して
いる場合は、コミットしたタイミングでパイプラインが実行されます。

1　[Actions] タブに移動します。

2 パイプラインが実行されたことを確認します。

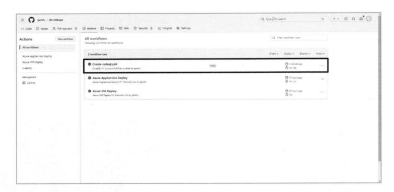

　以上で、ソースコード中に埋め込まれた脆弱性を検知する仕組みを構築できました。

　最後に、GitHubを利用している中でもよく見かけるミスである、APIキーや秘密鍵、接続文字列などの秘匿情報を誤ってコミット、プッシュするということが行われていないかを検知する仕組みを作ります。今回はGitLeaksと呼ばれるツールを利用して検知できるようにしてみましょう。

1 Visual Studio Codeを立ち上げ、Webアプリケーションのプロジェクトフォルダを開きます。

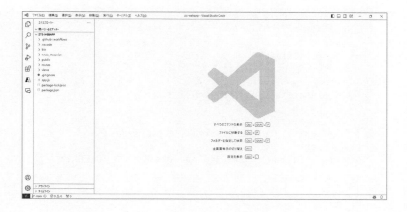

2 GitHub上で直接操作、更新しているファイルがあるので、リモートにあるデータをプルします。

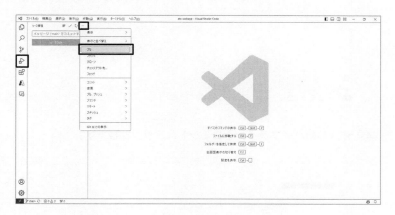

3 ファイルエクスプローラーに戻って、gitleaks用のパイプラインを作成します。

/.github/workflows/gitleaks.yml

```
name: Gitleaks
on:
  pull_request:
  push:
  workflow_dispatch:
  schedule:
```

```
      - cron: "0 19 * * *" # run once a day at 4 AM
jobs:
  scan:
    name: gitleaks
    runs-on: ubuntu-latest
    steps:
      - uses: actions/checkout@v3
        with:
          fetch-depth: 0
      - uses: gitleaks/gitleaks-action@v2
        env:
          GITHUB_TOKEN: ${{ secrets.GITHUB_TOKEN }}
```

4 作成したパイプラインをコミット、プッシュします。

5 GitHubに戻り、［Actions］タブを開きます。Gitleaksのパイプライ
ンの実行が完了していることを確認します。
今回はリモートにプッシュしたタイミングで、CodeQLとGitLeaks
の2つのパイプラインが実行されます。コミットメッセージの下に表
示されるパイプライン名をあわせて確認しておきましょう。

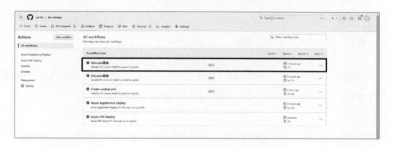

　以上で、CI/CDを用いた継続的なアプリケーションの脆弱性対策を実装
できました。CI/CDに組み込むことで、自動的に実行、通知されるように
なります。能動的にチェックする通常の活動に比べると楽にはなりますが、
一方で、利用しているミドルウェアが多いと通知が増えてきます。通知が
増えると、アラートに慣れてしまい、見逃す危険があります。実際の運用
では、常に通知まで必要なのかを、対象となるWebアプリケーションの業
務特性とあわせて検討するのがよいでしょう。

4-5-9　App ServiceにEDRを適用

　最後に、PaaS化したWebアプリケーションのセキュリティを強化しま
す。今回は、Defender for App Serviceを適用することで外部からの攻撃
を検知できるようにします。

4
ゼロトラストへの移行

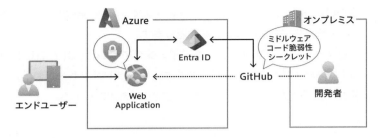

図21　PaaSのセキュリティ強化

　実施する内容は、Defender for CloudにあるApp Service用の機能の
有効化だけです。では、さっそくやってみましょう。

1　AzureポータルからDefender for Cloudにアクセスし、[管理] → [環
境設定] に移動します。

2　利用中のサブスクリプションをクリックします。

3 [App Service] を [オン] にし、[保存] をクリックします。

設定としては以上で完了です。

続いて、実際に App Service へのテストアクセスを行い、検知できるか
を検証してみます。

1 Azure ポータルで作成した App Service を開きます。[既定のドメイ
ン] に表示されているアドレスをメモします。

2 新規にシークレットモードでブラウザを立ち上げ、先ほど控えておい
たアドレスに「/This_Will_Generate_ASC_Alert」を付け足
した URL にアクセスします。

3 Azureポータルに戻り、Defender for Cloudを開きます。

[全般] → [セキュリティ警告] を開き、インシデントが増えていることを確認します（インシデントの反映には1〜2時間ほどかかる場合があります）。

　いかがだったでしょうか。業務システムを既存のオンプレミス環境（閉域化された環境）からクラウドに移行しつつ、ゼロトラスト化を行いました。外部に公開されることによって利便性が向上する反面、セキュリティとして守るべきポイントが変わってきました。閉域環境では行われていなかった、またはないがしろにされていた認証周りやアプリケーション自体の脆弱性への対応といった観点からも、セキュリティに気をつける必要があります。

Section
4-6

ファイルサーバーの
ゼロトラスト化

　実際の業務において作成したドキュメントをほかの社員と共有すること
は、どのような業界でも必要なことです。本節では、そのファイル共有の
ための仕組みであるファイルサーバーをゼロトラスト化するとともに、デー
タの観点からもゼロトラスト化を目指します。

4-6-1　ファイルサーバーのゼロトラスト移行プロセス

　ファイルサーバーのゼロトラスト化も、実際の業務ではよく見かける案
件です。基本的にはアプリケーションやワークロードのゼロトラスト化と
ほぼ同じ流れでゼロトラスト化を行う形になります。

　IaaSのままゼロトラスト化を行う場合、Webブラウザ上で利用できる
ファイルブラウザを導入し、IAPと組み合わせて実現する方法があります。
この方法は、従来の業務システムをゼロトラスト化する方法とまったく同
じです。ただ、実際にファイルサーバーのゼロトラスト化を検討する場合、
IaaS構成でいったんゼロトラスト化するより、いきなりSaaSに移行する
ケースが多く見受けられます。いきなりSaaSに移行しようとする背景には、
移行回数を減らすことで、ユーザーへの告知やディレクトリパスの見直し
などの似たような作業を何度もせずに済むといった理由があると考えられ
ます。データに関するゼロトラスト化を考える場合、どこからでもアクセ
スできるようにすることとあわせて、データ保護の観点も必要です。ファ
イルサーバーなどのデータを扱うシステムをゼロトラスト化する際には、
データカタログの作成やDLPの構成も検討します。

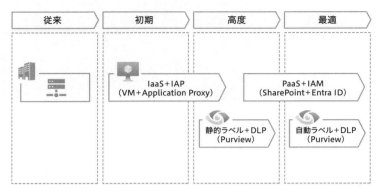

図22　ファイルサーバーのゼロトラスト移行

　本節で実施するファイルサーバーのゼロトラスト化ハンズオンでは、SaaSであるSharePointへのファイルサーバーの移行と、Microsoft Purviewを使った情報保護およびDLPの仕組みの構築を実践していきます。

　本ハンズオンでは、SharePointおよび秘密度ラベル（手動）、DLP（emails & files）を利用します。WindowsやOfficeを検証用に利用する場合、これらのライセンスも含んだものを検討します。必要なライセンスは次の表を参考にしてください。

表10　データ保護に関する必要ライセンス

	M365 Business			M365 Enterprise		EMS	
	Basic	Standard	Premium	E3	E5	E3	E5
SharePoint	P1	P1	P1	P2	P2	×	×
秘密度ラベル(手動)	×	×	○	○	○	○	○
秘密度ラベル(自動)	×	×	×	×	○	×	○
DLP(emails & files)	×	×	○	○	○	×	×
DLP(Teams)	×	×	×	×	○	×	×
Windows 11	×	×	Business	Enterprise	Enterprise	×	×
Microsoft 365 デスクトップアプリ	×	○	○	○	○		

4-6-2　初期環境の構築

　従来の境界型セキュリティでよくあるファイルサーバーの構成として次

のような環境を用意します。

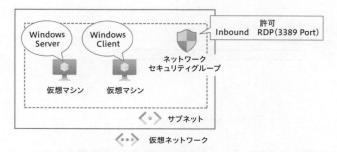

図23　ハンズオンで想定するオンプレミス環境

表11　オンプレミス環境

仮想ネットワーク		
	IPアドレス空間	10.0.0.0/8
	サブネット	default(10.0.0.0/24)
ネットワークセキュリティグループ		
	接続先サブネット	作成した仮想ネットワークのdefaultサブネット
	受信規則	自分のIPからRDP(3389ポート)を宛先Anyで許可
ファイルサーバー		
	OS	Windows Server 2019 Datacenter
	パブリックIP	あり
クライアントPC		
	OS	Windows 11 Pro
	パブリックIP	あり

4

ゼロトラストへの移行

　前述のようなインフラ環境を準備できたら、まずはファイルサーバーの
構築の設定から行いましょう。

1 Windows ServerへのRDP接続を行い、任意の場所に共有用のフォ
ルダを作成します。
今回は「C:\share」を作成しています。

2 作成したフォルダを右クリックして [プロパティ] を開きます。

3 [共有] タブに移動し、[詳細な共有] をクリックします。

4 ［このフォルダーを共有する］にチェックマークを入れ、［アクセス許可］をクリックします。

5 ［Everyone］に対して［フルコントロール］を設定します。

6 ［セキュリティ］タブに移動し、［詳細設定］をクリックします。

7 [追加] をクリックします。

8 [プリンシパルの選択] をクリックします。

9 [詳細設定] をクリックします。

10 [検索] をクリックして、利用可能なユーザー／グループの一覧を表示します。表示された中から今回は [Everyone] を探して選択し、[OK]をクリックして確定します。

11 [Everyone] が追加されたことを確認して [OK] をクリックします。

12 今回は [Everyone] に対して [フルコントロール] を設定して、[OK] をクリックします。

13 アクセス許可に [Everyone]、[フルコントロール] が設定されたことを確認し、[OK] をクリックして確定します。

続けて、外からアクセスできるようにファイアウォールの設定も見直します。

1 Windows ServerへのRDP接続を行い、スタートメニューを開いて [Windows管理ツール] → [セキュリティが強化されたWindows Defenderファイアウォール] を開きます。

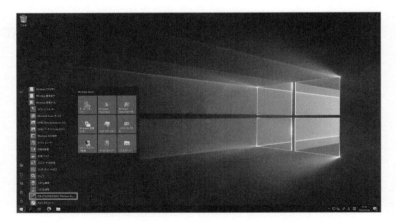

2 [受信の規則] を開き、[ファイルとプリンターの共有 (SMB受信)] のうちプロファイルが [ドメイン、プライベート] のものを有効化します。

　以上で、共有フォルダの作成およびアクセスできるようにするための設定が完了しました。今回は、共有フォルダのセキュリティについてEveryoneに対するフルコントロールを簡易的に設定しましたが、実際の運用ではユーザーやグループごとにアクセス権（ACL）を設定します。データを移行する際、アクセス制御がどのように移行されるのか、どのように移行したらよいのかは重要な観点になります。のちほどデータを移行する際に詳しく紹介します。

　ファイルサーバーの設定が終わりましたので、続いてクライアント環境の設定を行いましょう。クライアント環境ではOfficeを利用するので、Officeのインストールを行います。

1 WindowsクライアントへのRDP接続を行い、ブラウザでMicrosoft 365ポータルを開きます。
画面右上にある［アプリをインストール］をクリックし、［Premium Microsoft 365アプリ］を選択して、インストーラーをダウンロードします。
https://www.office.com/?auth=2

2 ダウンロードしたインストーラーを実行してインストールします。

3 インストールが完了したら、任意のOfficeアプリを起動します。
初回の画面で［アカウントにサインインまたはアカウントを作成］をク
リックします。

4 サインインを求められるので、Microsoft 365ライセンスを割り当て
たユーザーでサインインします。
Intuneへの自動登録を設定している場合、組織がデバイスを管理でき

るようにするかどうかの確認を求められる場合があります。その場合は、検証目的でデータの収集もしたいので、管理対象にしてしまいましょう。

5 最後にライセンス契約に同意して完了します。

　ファイル共有サーバーとクライアント端末の両方の準備が完了したので、動作確認を兼ねてテストデータを準備します。今回はクライアント端末からファイル共有サーバーにアクセスし、共有フォルダに適当なファイル（PowerPointファイル）を作成してみます。

1 Windowsクライアント端末へのRDP接続を行い、ファイル共有サーバーのプライベートIPアドレスにアクセスします。
　ファイル共有サーバーのプライベートIPアドレスは、Azureポータルでファイル共有サーバー（仮想マシン）を開いたときに表示される概要欄で確認できます。

2 適当なファイルを作ります。今回はPowerPointでテストデータを準備します。

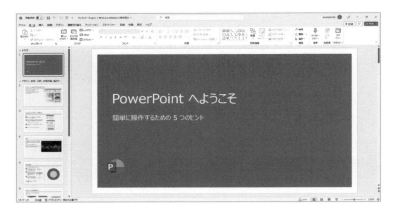

3 作成したファイルを共有フォルダに配置できることを確認します。

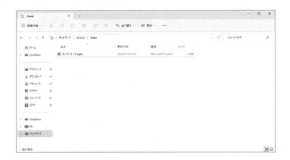

4-6-3 SharePointサイトの作成

オンプレミス環境のファイルサーバーをSaaSのSharePointに移行していきます。本項では、移行先となるSharePointサイトを準備し、IAM（Microsoft Entra ID）を中心としたゼロトラスト環境でのファイルの取り扱いについて学習します。

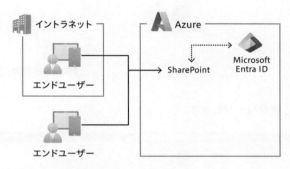

図24　SharePointサイトの作成

まずは移行先となるSharePointサイトを作成していきましょう。

1 どの端末でも問題ないのでMicrosoft 365ポータルにアクセスします（あとの作業でWindowsクライアントを利用するので、Windowsクライアントでの作業がおすすめです）。

Microsoft 365のライセンスを付与したアカウントでアクセスします。

2 左上のメニューを開き、SharePointを開きます。

3 [サイトの作成] をクリックします。

4 [チームサイト] をクリックします。

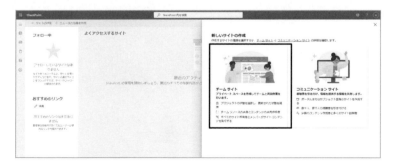

5 サイト名などの設定を行い、[次へ] をクリックします。

- サイト名：任意
- プライバシーの設定：プライベート
- 言語の選択：日本語

6 アクセスを許可したいユーザーを選択して [完了] をクリックします。

7 作成されたSharePointサイトのURLをメモしておきます。

ファイルサーバーの移行先となるSharePointサイトが完成しました。ここでいったん、作成したSharePointサイトをWindowsクライアント端末でファイルサーバーとして利用する方法についてみておきましょう。

1 Windowsクライアント端末へのRDP接続を行い、先ほどメモしておいたSharePointサイトのURLを開きます。

2 [ドキュメント] を開き、[同期] をクリックします。

3 ポップアップが表示されるので、[開く] を選択してOneDriveアプリを開きます。

4 サインインを行います。

5 初回の場合、利用に関する案内があるので、順次画面を進めていき、[OneDriveフォルダーを開く] をクリックして開きます。

6 エクスプローラーにテナント名のショートカットが追加され、中に SharePointサイトのフォルダが作成されていることを確認します。

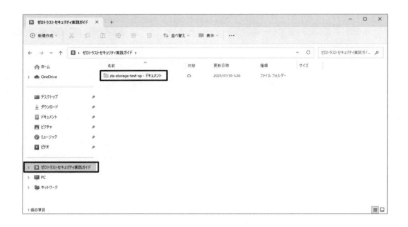

　ローカル環境とSharePoint環境をつなぐ構成ができたので、実際にローカルで保存したデータがSharePoint側に反映されるかを確認してみましょう。

1 任意のOfficeアプリを立ち上げてサンプルデータを作成します。
例ではPowerPointを利用しています。

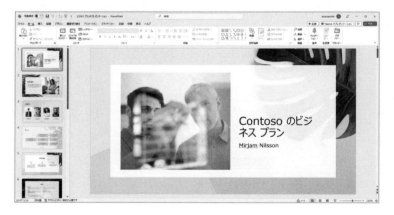

2 作成したファイルを連携済みのフォルダに配置します。

3 SharePointサイトをブラウザで開き、ファイルが反映されていることを確認します。

　ここまでの作業で、ファイル共有の仕組みをSaaS化した場合、どのような挙動になるのかが理解できたかと思います。ベンチャー企業のようにオンプレミス環境がなく、いきなりSaaSでファイル共有を考えるようなケースであれば、ここまでで作業は終わりです。

　次項では、オンプレミスのファイルサーバーがある場合を想定して、データの移行を行います。

4

ゼロトラストへの移行

4-6-4 オンプレミスのファイルサーバーから SharePointへの移行

本項では、既存環境相当として準備したファイルサーバーのデータを SharePointに移行します。データの移行には、無料で提供されている SharePoint移行ツールと呼ばれるツールがあるので、そちらを使います。

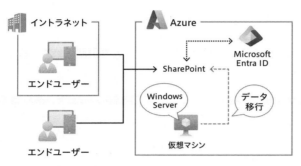

図25　オンプレミス環境からクラウド環境へデータ移行

データを移行する際のポイントの1つに、前述した「移行元のアクセス権」 があります。まず大切なポイントとして、移行元 (オンプレミスのファイル サーバー) と移行先 (SharePoint／Microsoft Entra ID) に同じユーザーが 存在することが前提となります。これを実現するには、オンプレミス環境 のADとMicrosoft Entra IDをMicrosoft Entra Connectで連携させます。 次に細かなアクセス制御の移行ですが、SharePoint側で細かな制御をしよ うとすると複雑なデータ構造になってしまいます。また、SharePoint側に はアクセス拒否 (Deny) の設定が存在しません。こうした点を考慮し、実 際に移行する際は組織単位やプロジェクト単位など大まかな単位で移行す るように見直しを行うのがよいでしょう。

では、移行をどのような形で行うかの検討が終わった前提で、実際の移 行作業を見ていきましょう。今回はシンプルに左から右にそのままデータ を移行します。

データの移行は、移行元のファイルサーバーにエージェント (SharePoint 移行ツール) を導入し、SharePoint管理センターに認識させて、移行タス

クを実行させることで実現します。

　まずはファイルサーバーにSharePoint移行ツールを導入しましょう。

1 ファイルサーバーへのRDP接続を行い、SharePoint管理センターを
開きます。

https://go.microsoft.com/fwlink/?linkid=2185219

2 [移行] を開き、[ファイル共有] の [開始] をクリックします。

3 [エージェントをダウンロード] をクリックします。

4 ダウンロードしたエージェントをインストールします。

5 途中でSharePointサイトへのサインインを求められるので、SharePointサイトを作成したアカウントでサインインします。

6 インストールが完了するとエージェントの設定画面が表示されます。SharePointのアカウントに接続できていることを確認し、ファイル共有サーバーにも接続できることを確認します。

7 SharePoint管理センターに戻り、[エージェント] タブを開きます。先ほどインストールしたエージェントが認識されていることを確認します。

8 [移行] タブに移動し、[タスクの追加] をクリックします。

9 [方法] 画面では [単一の移行元と移行先] を選択して [次へ] をクリックします。

10 移行元に共有フォルダのパスを指定して [次へ] をクリックします。

11 移行先に [SharePoint] を選択して [次へ] をクリックします。

12 移行先の詳細を設定します。

- コンテンツを移行するSharePointサイトの入力

  SharePointサイトを示すURLを入力します。

- コンテンツをコピーする場所を選択してください

  SharePointサイトのURLが正しく入力されると、移行先の詳細を入力できるようになります。[ドキュメント] → [フォルダーの作成] を選択して移行用のフォルダを新規に作成します。

4

ゼロトラストへの移行

13 移行先のフォルダ（例では「share」）を指定したら、[次へ] をクリックします。

14 移行内容の詳細を設定して [実行] をクリックします。

- タスク名：任意
- タスクスケジュール：今すぐ実行
- エージェントグループの割り当て：Default
- 共通設定：今回は特に設定しない

[すべての設定] を開くと、より詳細な移行方法を指定できます。移行の
対象とするデータの日付や移行する際のユーザーマッピングなどを指定で
きます。今回はデフォルトのままで変更せずに進めます。

15 移行タスクが作成、実行されます。しばらくすると完了します。

　移行タスクが完了したら、データがSharePointに移っているかを確認してみましょう。

1 移行先のSharePointサイトを開き、[ドキュメント] に移動します。

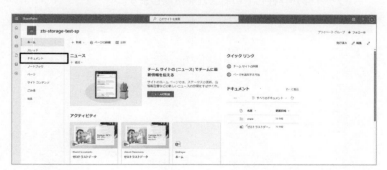

2 作成した「share」フォルダを開きます。

3 あらかじめ作成していたファイルが移行されていることを確認します。

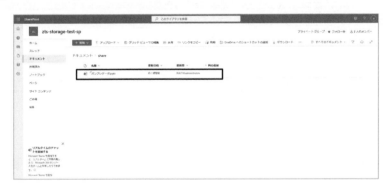

4 同様にエクスプローラーでもSharePointサイトのフォルダを開いて
ファイルが存在していることを確認します。

4-6-5　Purviewの利用設定

　ここまではファイルサーバーをゼロトラスト化するという観点でハンズオンを実施してきましたが、ここからはファイルサーバーの中にあるデータに対してゼロトラスト化を行っていきます。

　データにおけるゼロトラスト化は、基本的にはデータに対するリスクを検知し、対策していく仕組みになります。一般的にはデータガバナンスなどと呼ばれたりする領域です。

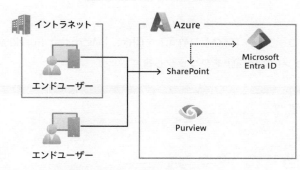

図26　情報保護とデータ損失防止の実装

　今回はデータガバナンスの実装例として、Microsoft Purviewを利用して情報保護とデータ損失防止 (DLP) を実装していきます。

　Purviewは利用にあたってアクセス権の設定が必要なので、まずは利用するための設定を行います。

1 Microsoft Purview管理センターにアクセスします。
https://compliance.microsoft.com/

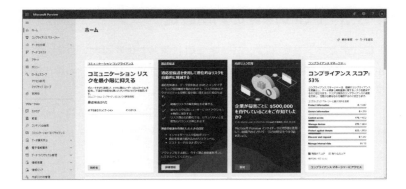

2 [ロールとスコープ] → [アクセス許可] を開き、[Microsoft Purview ソリューション] の [役割] をクリックします。

3 [Organization Management] を選択します。

4 [編集] をクリックします。

5 [ユーザーの選択] をクリックします。

6 Purviewの設定を行う管理ユーザーを指定して、[選択] をクリックします。

7 選択されたことを確認して [次へ] をクリックします。

8 確認画面の内容に問題がなければ [保存] をクリックします。

9 反映が完了しました。

Purviewを利用する際、これ以降はここで設定したユーザーを利用して操作していきます。

4-6-6 情報保護（秘密度ラベル）の構成

最初に実施したいのはデータ（各種ファイル）に対するメタ情報の設定です。社内で利用される文書類がどのような種類のデータなのか、カタログ化を行います。

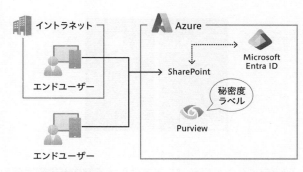

図27 情報保護の構成

今回は、Microsoft Purviewの秘密度ラベル（Sensitive label）という機能を使って、外部に公開してよい情報と機密情報を区別します。設計としては次のような構成を想定し、実装していきます。

表12 秘密度ラベルの設計

名前	表示名	優先度	暗号化	ヘッダー	透かし	ラベル変更事由
General	一般	低	なし	なし	なし	求める
Confidential	社外秘		あり	あり	なし	求める
Highly Confidential	極秘	高	あり	あり	あり	求める

秘密度ラベルは、「ラベル作成」と「ラベル発行」の2段階で展開します。「ラベル作成」はその言葉のとおり、前述のラベルを準備する工程です。ラベルは作成したらすぐにテナント内のユーザー全員が利用できるようになるわけではありません。利用できるようにするためには、「ラベル発行」が

4

ゼロトラストへの移行

必要になります。「ラベル発行」で誰がどのラベルを利用できるのかを定義します。

まずは「ラベル作成」から進めましょう。

1 Microsoft Purview管理センターにアクセスし、[情報保護] → [ラベル] を開きます。

2 初回の場合、暗号化された感度ラベルを有効化する案内が表示されるので [今すぐ有効にする] をクリックします。

有効化されたあと、[ラベルの作成] をクリックします。

3 名前やヒントなどの基本の設定を入力して [次へ] をクリックします。

ラベルは優先度の低いものから作成します。

- 名前：General

- 表示名：一般
- ユーザー向けの説明：任意（Officeでラベルを選択する際に表示される文言）
- ラベルの色：任意（Officeで表示されるラベルアイコンにつける色）

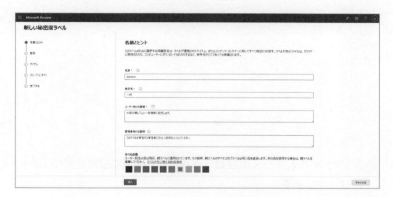

4 ラベルを利用できるアイテムを選択して [次へ] をクリックします。今回は [ファイル]、[メール] を選択しておきます。

5 ラベル付けされたアイテムの保護設定を選択して [次へ] をクリックします。
General（一般）はチェックマークをつけませんが、Confidential（社外秘）およびHighly Confidential（極秘）は暗号化とコンテンツマー

キングの両方にチェックマークをつけます。

6 [ファイルとメールの自動ラベル付け] は特に設定せずに [次へ] をク
リックします。
作成するファイルやメールにクレジット番号が含まれている場合に自
動的にラベルを付与したいといった要件があるときに有効化します。

7 グループとサイトの保護設定は特にせずに [次へ] をクリックします。

8 設定の内容を確認して［ラベルを作成］をクリックします。

4

ゼロトラストへの移行

　同様の手順でConfidential（社外秘）とHighly Confidential（極秘）のラベルも作っていきます。次ではGeneral（一般）と異なる設定だけを紹介します。

◆ Confidential（社外秘）の場合

1 ラベル付けされたアイテムの保護設定で次の2点にチェックマークをつけます。

- 暗号化の適用または削除
- コンテンツマーキングを適用する

2 暗号化の設定では次を適用します。

- 暗号化設定を構成
- アクセス許可：アクセス許可を今すぐ割り当てる
- コンテンツに対するユーザーのアクセス許可の期限：無期限
- オフラインアクセスを許可する：常に許可
- 特定のユーザーとグループにアクセス許可を付与する：組織内のすべてのユーザーとグループを追加する

3 コンテンツマーキングはヘッダーだけを設定します。

- テキスト：Confidential
- フォントサイズ：16
- フォントの色：赤

- テキストの配置：右

Highly Confidential（極秘）の場合

1 ラベル付けされたアイテムの保護設定で次の2点にチェックマークをつけます。

- 暗号化の適用または削除
- コンテンツマーキングを適用する

2 暗号化の設定では次を適用します。

- 暗号化設定を構成
- アクセス許可：ラベルを適用するときにユーザーがアクセス許可を割り当てられるようにする

- Word、PowerPoint、Excelでアクセス許可の指定をユーザーに要求する

3 コンテンツマーキングは透かしとヘッダーを設定します。

- 透かし
  - テキスト：Highly Confidential
  - フォントサイズ：40
  - フォントの色：赤
  - テキストのレイアウト：斜め
- ヘッダー
  - テキスト：Highly Confidential
  - フォントサイズ：16
  - フォントの色：赤
  - テキストの配置：右

3つのラベルを作成し終わったとき、次のようになっています。

このとき、優先度が低いものから順に並んでいることを確認します。優先度は、より広範囲に閲覧を許可するラベルを低く、より狭い範囲にしか閲覧を許可しないラベルを高く設定します。あとでこの優先度の順番を利用するので、順番が間違っている場合はここで直しておきましょう。

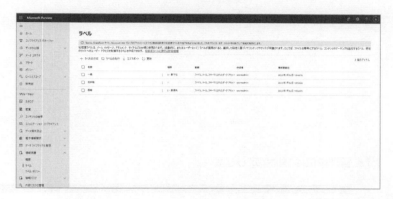

以上でラベルの作成は終わりましたので、続けて「ラベル発行」を行いましょう。ここまでに作成したラベルを指定したユーザーが利用できるようにします。

1　Microsoft Purview管理センターにアクセスし、[情報保護] → [ラベルポリシー]を開きます。画面内にある[ラベルを発行]をクリックします。

4

ゼロトラストへの移行

2 秘密度ラベルで作成したラベルから発行するものを選択して［次へ］を
クリックします。

3 管理単位は特に指定しません。

4 ユーザーとグループでは、ラベルを利用させたいユーザーやグループ
を指定します。今回はテスト用ユーザーを指定します。

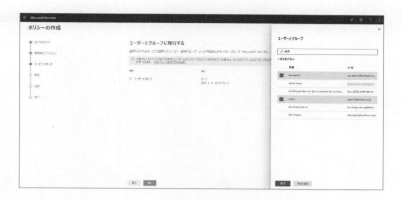

5 ラベルの利用のポリシーを設定します。今回は次の2つにチェックマークをつけて[次へ]をクリックします。特に理由の説明のポリシーでは、ラベルの優先度が意味を持つので、ラベルの優先度が適切でない場合は見直してください。

- ユーザーは、ラベルを削除したり、ラベルの分類を下位のものにしたりする場合に、理由を示す必要がある
- メールとドキュメントへのラベルの適用をユーザーに要求する

6 ドキュメントの既定のラベルを「社外秘」にします。

7 メールの既定の設定をして［次へ］をクリックします。

- 既定のラベル：ドキュメントと同じ
- メールへのラベルの適用をユーザーに要求する
- メールは、添付ファイルから最も優先度の高いラベルを継承します

8 会議、Power BIについては既定のラベルを設定せずに進めます。

9 ポリシーの名前を入力して［次へ］をクリックします。

10 設定の内容を確認して［送信］をクリックします。

　以上で作成したラベルの発行が完了しました。各ユーザーへの反映には
少し時間がかかるので、しばらく時間をあけて確認します。

　それでは、秘密度ラベルを使った情報保護の動作を確認してみましょう。
設定したとおり、社内ユーザーは閲覧できて、社外ユーザーはファイルを
開けないことを確認してみます。

1 Windowsクライアント端末へのRDP接続を行い、PowerPointを開
きます。

　［ホーム］→［秘密度］をクリックし、「社外秘」に設定します。

2 ファイルに「Confidential」が表示されることを確認します。

3 社外秘ファイルをいったん保存し、Outlookを立ち上げて個人のメール
アドレス(GmailやYahoo!メールなど)に社外秘ファイルを送信します。

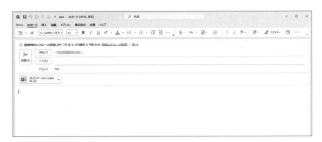

4 送信先にあたる個人用メールアドレスの受信ボックスを開き、暗号化
されたメールが届いていることを確認します。

5 メールを開こうとすると、内容が暗号化されており、閲覧できないこ
とを確認します。

6 Outlookに戻り、先ほどと同様に社外秘ファイルを添付して外部の
メールアドレスに送信するメールを作成したあと、メールの秘密度ラ
ベルを「一般」に変更します。

7 秘密度ラベルを下げた理由を入力します。

8 秘密度を変更したら、個人用メールアドレスに送信します。

9 あらためて個人用メールアドレスの受信ボックスを開き、送信された
メールを確認します。
メールの本文は閲覧できますが、添付ファイルが暗号化されているこ
とを確認します。

10 添付ファイルを開こうとすると、認証を求められ、開けないことを確認します。

4-6-7　データ損失防止（DLP）の構成

　本項では、データ損失防止（DLP）を導入することで、情報が外部に出ていくことそのものを制限します。

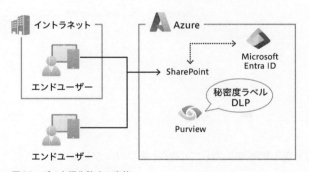

図28　データ損失防止の実装

　利用するのは、Microsoft Purviewに付属するDLP機能です。外部への流出を抑止するポリシーは考え方次第でいくつもありえますが、今回は一番多いメールに対する制限を例に実施していきます。

1 Microsoft Purview管理センターを開きます。
　［データ損失防止（DLP）］→［ポリシー］を開き、［ポリシーを作成］をクリックします。

2 テンプレートは [カスタムポリシー] で進めます。

3 ポリシーの名前と説明を入力して [次へ] をクリックします。

4 管理単位は特に設定せずに [次へ] をクリックします。

5 ポリシーを適用する場所は [Exchange メール] だけを [オン] にして、ほかは [オフ] にします。

6 ポリシーはカスタムで作成します。

7 ポリシーの詳細設定で、[ルールを作成] をクリックします。

8 ポリシーの名前を入力し、[条件] にある [条件の追加] をクリックして次の条件を追加します。

- コンテンツに含まれている
    - 秘密度ラベル：社外秘、極秘

9 同様にして条件をもう1つ追加します。

- コンテンツがMicrosoft 365から共有されている
  - 組織外の連絡先

10 アクションに次の動作を設定します。

- Microsoft 365の場所にあるコンテンツへのアクセスを制限またはコンテンツを暗号化する
  - すべてのユーザーをブロックします。

11 ユーザーへの通知を有効化します。

12 インシデントレポートも有効化します。

設定はすべて完了したので、[保存] をクリックします。

13 保存されたルールの概要を確認し、[次へ]をクリックします。

14 ポリシーモードは[すぐに有効にする]を選択して[次へ]をクリック します。

15 ポリシーの内容を確認して[送信]をクリックします。

4

ゼロトラストへの移行

　以上でDLPポリシーの作成と適用ができました。続けてDLPがどのように動作するのかを確認してみましょう。

1 Windowsクライアント端末へのRDP接続を行い、Outlookで新規メールを作成します。内容は、社外のメールアドレス（GmailやYahoo!メールなど）に送信するようなものにし、送信まで実行します。

2 送信自体は行われますが、ブロックされたことが通知されます。

　DLPポリシーは、会社の業態や業務内容によって厳しくする観点が変わってきます。情報保護で作成した秘密度ラベルと組み合わせて自社の運用に合わせた実装をすることが大切です。

4

ゼロトラストへの移行

4-7 ログ分析／可視化基盤の構築

これまでゼロトラスト化をさまざまな視点から行ってきましたが、運用を維持していくための仕組みも必要です。本節では分散したログを1か所に集め、自動的に分析する仕組みの導入を行っていきます。

4-7-1 運用のゼロトラスト化

サーバーやクライアントのゼロトラスト化と並行して考える必要があるのが運用の見直しです。ゼロトラスト化を進めていくとどうしても個々の管理単位が小さくなってしまい、ログが分散してしまいます。本節では分散したログを1か所に集め、分析する仕組みを構築していきます。一般的にはSIEMと呼ばれる仕組みの実装を行います。

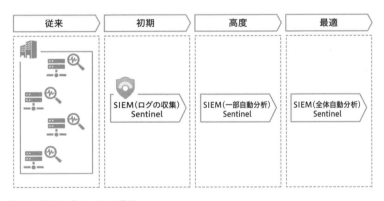

図29　運用のゼロトラスト移行

従来の状態を構成する要素として、ID管理 (Microsoft Entra ID)、Azure上のリソースに対する操作履歴 (アクティビティログ)、サーバーの脅威検知 (Defender for Cloud)、クライアントの脅威検知 (Microsoft 365

Defender) を想定します。

　運用におけるゼロトラスト化の最初の一歩は、SIEMの用意とログの集約です。今回はMicrosoft Sentinelを利用してログを収集します。

　ログの収集が始まると、そのログを定期的にチェックして脅威が迫っていないかの確認が必要です。大量のログを人力で解析することは不可能なので、Sentinelにある自動分析の仕組みを実装します。

　最終的に目指すのは、あらゆるログを対象とした自動分析を行える状態です。実装作業としては前述の分析機能の延長になるため、本ハンズオンには含めませんが、実務では検討してみてください。

4-7-2　初期環境

　それではまず従来の環境として、境界型セキュリティ相当のログがバラバラに存在している状態を準備します。実装が必要なのはMicrosoft 365 DefenderとDefender for Cloud (Defender for Server) のみで、これらに関してはすでに実装の手順を紹介済みです。なので、必要に応じて該当の節を振り返ってください。必要なければ特に初期状態として用意することはありません。

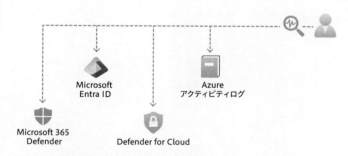

図30　境界型セキュリティ相当の運用環境

　ログが分散している状態については確認しておきたいので、次の手順で、それぞれのログを確認しておきましょう。

⬡ Microsoft Entra IDのサインインログ

1 Azureポータルで Microsoft Entra IDを開き、[監視] → [サインイン
ログ] を確認します。

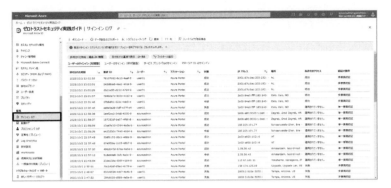

⬡ Azureアクティビティログ

1 AzureポータルでMonitorを開き、[アクティビティログ] を確認します。

⬡ Microsoft 365 Defenderのインシデント

1 Microsoft 365 Defender管理ポータルで [インシデントとアラート]
→ [インシデント] を開いて確認します。

● Defender for Cloudのセキュリティ警告

1 AzureポータルでDefender for Cloudを開き、[全般] → [セキュリ
ティ警告] を確認します。

4

ゼロトラストへの移行

　以上のように、実際に何か問題が起こった、または起こりそうというこ
とを検知したり、被害の状況や内容を調査しようとしたりすると、かなり
手間のかかる作業になることを理解してもらえたでしょうか。

4-7-3　ログの集約

　まずは散らかっているログを1か所に集約していきましょう。

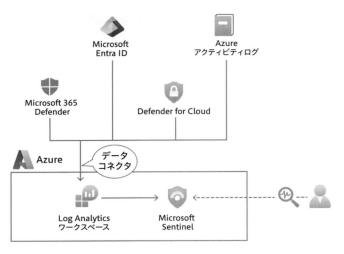

図31　分散しているログの集約

　Microsoft Sentinelは、ログの保管場所として背後にLog Analyticsワークスペースと呼ばれるリソースが必要です。まずはこのLog Analyticsワークスペースの作成から始めます。

1 Azureポータルで[Log Analyticsワークスペース]を探して開きます。

2 [作成]をクリックします。

3 基本の設定を入力して [確認および作成] をクリックします。

- リソースグループ：本ハンズオン用に新規作成
- 名前：任意
- 地域：任意

4 内容を確認して [作成] をクリックします。

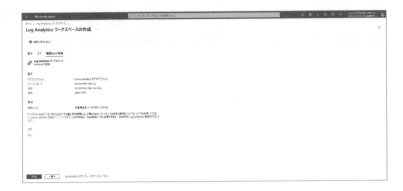

ログの保管先の準備ができたので、Sentinelを作成していきましょう。

1 Azureポータルで [Microsoft Sentinel] を開きます。

2 [作成] をクリックします。

3 作成済みのLog Analyticsワークスペースを選択して［追加］をクリックします。

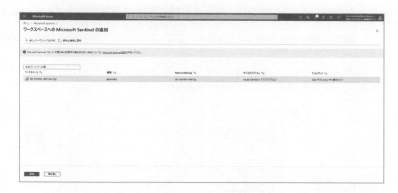

4 Sentinelのトップ画面を確認します。

Sentinel自体はLog Analyticsワークスペースを接続するだけなので、簡単に作成できたかと思います。

ここからは、散らかったログを集める設定をしていきます。利用するのは、Sentinelにある「データコネクタ」です。このデータコネクタを利用すると簡単にデータの収集の設定ができます。

それではさっそく、ログの収集の設定をしていきましょう。

1 Azureポータルで作成したSentinelを開き、［構成］→［データコネク

4
ゼロトラストへの移行

タ]を開きます。初回の場合、[これらのデータコネクタの取得]が表示されているので、クリックします。2回目以降の場合は、[コンテンツ管理]→[コンテンツハブ]から同じ画面に遷移できます。

2 次のデータコネクタをインストールします。

- Azure Active Directory
- Azure Activity
- Microsoft 365 Defender
- Microsoft Defender for Cloud

以上で、Sentinelへのデータコネクタのインストールが終わりました。続けて、各データコネクタに対する設定を行っていきます。

⬢ Microsoft Entra Connectのデータコネクタ設定

1 Sentinelの［構成］→［データコネクタ］に戻り、Azure Active Directoryを選択して、［コネクタページを開く］をクリックします。

2 ［構成］画面で保存したい項目をすべて選択し、［変更の適用］をクリックします。

⬢ Microsoft 365 Defenderのデータコネクタ設定

1 Sentinelの［構成］→［データコネクタ］に戻り、Microsoft 365 Defenderを選択し、［コネクタページを開く］をクリックします。

4

ゼロトラストへの移行

場合によって次のようなエラーが出ることがあります。

これが表示されるのは、設定を変更しようとしている端末が組織の管理になっていないためです。端末をMicrosoft Entraに参加させ、組織の管理にしたのちに再度試してください。また、組織の管理にしてもEdgeを使わないと組織の管理端末であることが認識されない場合があります。Chromeの場合は、Windows Accountsプラグインを導入することで認識されるようになります。

2 [インシデントとアラートを接続する] をクリックします。

3 次のデータにチェックマークをつけて取り込みを行うようにします。

- Microsoft Defender for Endpoint
- Microsoft Defender for Cloud Apps
- Microsoft Defender for Identity
- Microsoft Defender のアラート

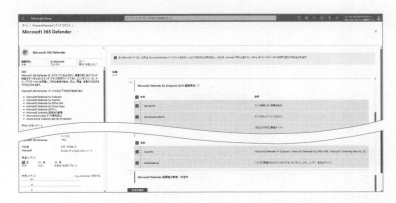

● Azure アクティビティのデータコネクタ設定

1 Sentinel の [構成] → [データコネクタ] に戻り、Azure アクティビティ
を選択し、[コネクタページを開く] をクリックします。

4

ゼロトラストへの移行

2 [[Azure Policyの割り当て] ウィザードの起動] をクリックします。

3 基本の設定を行い、[次へ] をクリックします。

- スコープ：利用するサブスクリプション
- 除外：なし
- 割り当て名：任意
- ポリシーの適用：有効

4 詳細はデフォルトのままで [次へ] をクリックします。

5 作成した Log Analytics ワークスペースをパラメーターで指定して [確認および作成] をクリックします。

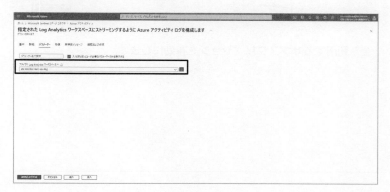

6 内容を確認してポリシーを作成します。

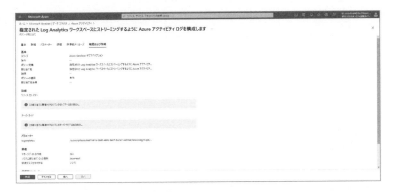

⬡ Microsoft Defender for Cloudのデータコネクタ設定

1 Sentinelの [構成] → [データコネクタ] に戻り、Microsoft Defender for Cloudを選択し、[コネクタページを開く] をクリックします。

2 利用するサブスクリプションを有効にします。

以上で接続の設定は終わりました。

問題なく接続できていそうか、ログを確認してみましょう。環境によっては初回のログの収集に時間がかかるケースがあるかもしれません。その場合は、少し時間をあけて確認してみてください。

1 AzureポータルでSentinelを開き、[全般] → [ログ] をクリックします。

2 初回の場合はクエリ作成のヒントが表示されますが、不要なので閉じます。必要に応じて [常にクエリを表示する] をオフにします。

3 次のクエリを実行してサインインログを確認します。

```
SinginLogs
| limit 10
```

　Azureでログを検索するときによく登場するのが先ほど記述したKusto
クエリと呼ばれるものです。記述方法はSQLに似ているため、SQLに慣れ
た方であれば簡単に利用できます。慣れていない方でも初回に表示された
スプラッシュ画面で参考にするクエリを探すことができます。

4-7-4　ログ分析の実装

　ログを集約したので調査自体はかなりやりやすくなりました。ただし、大量のログが集まるので、その中から脅威につながるものを見つけ出す必要があります。ここからは分析を自動化する仕組みを実装していきます。

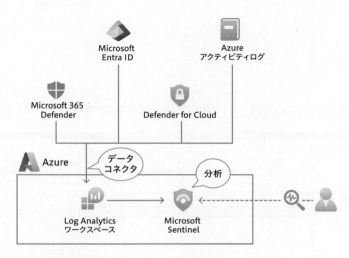

図32　ログ分析の実装

1 Azureポータルで Sentinel を開き、[構成] → [分析] を開きます。

2 [構成のテンプレート] タブに移動します。

4

ゼロトラストへの移行

3 [MFA Rejected by User]を探して[ルールの作成]をクリックします。

4 初期設定のまま順次画面を進めていき、[保存] をクリックします。

5 [アクティブな規則] タブに [MFA Rejected by User] が追加されていることを確認します。

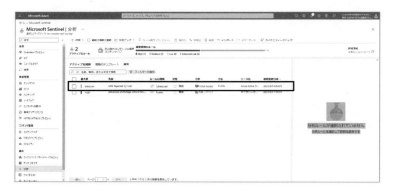

　規則のテンプレートに表示されるのは、Microsoft が提供する自動分析のルールです。今回は [MFA Rejected by User] しか有効化していませんが、実際の運用では重大さの度合いが高いものから順に必要なものを探して有効化していくのがおすすめです。

　分析の設定ができたので、動作確認をしてみましょう。今回設定したルールは「MFA をユーザーが拒否したか」を分析するものなので、そのような動作を試してみます。

1 Azure ポータルをブラウザのシークレットモードで開き、ログインを

試行します。

2 MFA認証が表示されるので拒否します。

MFAが表示されない場合は、リスクに関わらず必ずMFAを要求する
ように条件付きアクセスのルールを見直して再度試行します。

　集めたログを定期的に検索する仕組みのため、インシデントとして検知
されるまで少し時間がかかるので、時間をあけてからインシデントを確認
します。次の手順でインシデントの分析まで試してみましょう。

■1　AzureポータルでSentinelを開き、[全般] → [インシデント] をクリッ
　　クします。一覧に [MFA Rejected by User] があるかを確認します。

■2　見つけた [MFA Rejected by User] のインシデントを選択します。
　　実際のインシデント対応の場合は、担当や進捗などを設定します。
　　今回は詳細を確認するので、[すべての詳細を表示] をクリックします。

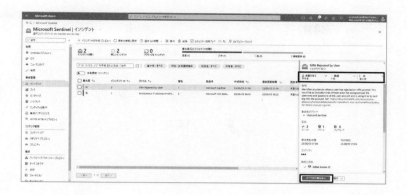

3 この画面にはインシデントに関する情報が集約されており、関連する
データがどのようなものかを把握できます。さらに調査を進めるため
に、[調査] をクリックします。

4 先ほどは文字で表現されていた情報の関係を図で確認できるようにな
ります。適当なオブジェクトにマウスオーバーしてアラートなどの一
覧を確認します。特定のエンティティについてさらに詳細を調べるた
め、[イベント] リンクをクリックします。

4

ゼロトラストへの移行

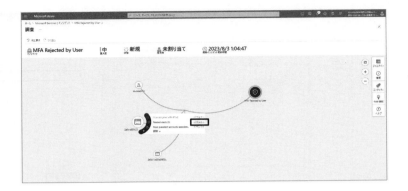

5 アラート元のログを確認します。

　以上が動作確認および調査です。SIEMを使うと1つのツールの中であらゆるデータにアクセスできるので、脅威が迫っているかどうかの検知はもちろん、侵入された際にも影響の範囲や動きに関する調査がしやすくなります。

4-7-5　UEBAの実装

　単純なクエリによる分析も有効ですが、機械学習を使ったより高度な分析であるUEBAを実装してみましょう。

414

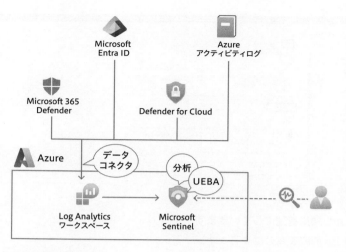

図33　UEBAの実装

1 Azure ポータルで Sentinel を開き、[構成] → [設定] をクリックします。

2 [設定] タブに移動し、[UEBAの設定] をクリックします。

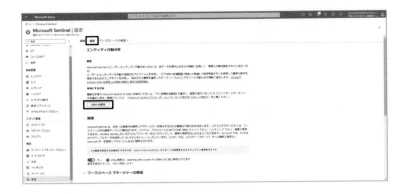

3 上から順に有効にしていきます。

- UEBA機能を有効にする：オン
- Microsoft Sentinelを同期させる：Azure Active Directory
- エンティティ行動分析に対して有効にするデータソース：監査ログ、サインインログ

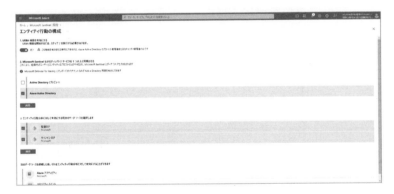

　設定は以上で終わりです。続けて動作確認をしてみます。ただし、UEBAは機械学習をベースにするため、通常の状態を把握するのに1週間程度必要となります。今回はもう少し短い時間で動作確認をするため、データを取得できているかどうかの確認のみ行っていきます。

1 AzureポータルでSentinelを開きます。

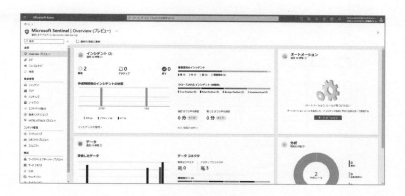

2 視覚的に確認するため、[脅威管理] → [エンティティの動作] を開き
ます。

アラートが出ていないかを確認します。

もし出ていない場合は、ログイン／ログアウトなど一定の操作を繰り
返したうえで時間をあけてから確認してみましょう。

3 具体的なログは、[全般] → [ログ] を開き、IdentityInfo などのテーブ
ルを確認します。

```
IdentityInfo
| limit 10
```

　以上で動作確認も終わりです。通常と違う動作に気づきたい場合に利用してみるとよいでしょう。

ゼロトラストに対する
脅威と対策

やまない脅威

　ゼロトラスト化を推進しても、新たな脅威は現れ、社内に侵入されることがあります。本節では、そのような新しい脅威として、知っておいてもらいたい2つの脅威を紹介します。

5-1-1　SIMを奪い取る

　多要素認証でもよく利用される電話番号ですが、「SIMスワップ」と呼ばれる脅威が存在します。SIMスワップとは、他人になりすましてSIMカードを乗っ取る詐欺で、SMSを利用した二段階認証を突破してオンラインバンキングなどへの不正ログインを行う攻撃です。海外で流行していた詐欺ですが、昨今では日本でも発生しています。

　SIMスワップは携帯電話会社のSIM紛失手続きを悪用した方法です。あらかじめ乗っ取りたいユーザーの情報を調べ、身分証明書の偽造やフィッシングなどでアカウントなどの資格情報を窃取しておきます。その後、携帯電話会社にSIMを紛失したことを連絡し、手持ちのSIMに電話番号を入れ替えてもらえるように伝えます。本人確認がありますが、あらかじめ調査済みの住所や生年月日、偽造した身分証明書などを使って突破します。すると、本人が気づかないうちに電話番号が入れ替わり（SIMがスワップされる）、システムのSMS認証を突破できるようになります。

🛡 対策

　最初の情報収集が公開された情報やフィッシングなどから行われるので、むやみに個人情報を公開しない、不信なメールのリンクをクリックしない、添付ファイルをダウンロードしないといった基本的なことが対策になります。また、多要素認証の点では、SMSではなく、認証アプリやワンタイムパスワード用のデバイスを利用することなども対策になります。可能であ

れば、そもそも多要素認証に電話番号を紐づけないという対策も考えられます。

5-1-2　MFAを回避する

　最近、MFAに対する攻撃が増加傾向にあります。かつてはID／パスワードのみでの認証が主流だったため、MFAを追加するだけで対策となっていましたが、MFAが普及してきた現在はMFAに対する攻撃が増えてきているのが実情です。攻撃パターンもいくつか登場してきており、トークン窃取、中間者攻撃、プロンプト爆撃などがあります。

　トークン窃取は、MFAを回避する手口で、トークンを窃盗して使い回しを行います。この攻撃は検知が難しく、多くの組織がまだ対策を講じられていないのが現状です。

　攻撃者は、MFAで認証を完了したユーザーに対して発行されたトークンを窃取して使い回すことでMFAを回避します。トークンの窃取には、フィッシングやデバイスへの侵入などの方法があります。トークンの保持は利便性を向上させるために行われますが、攻撃者はそのトークンを窃取して使い回すことにより、ビジネスメールを漏えいさせたり、クラウドリソースに不正にアクセスしたりします。

　トークン窃取への対策はいくつかあります。セッションの有効期間やトークンの有効期間を短縮することや、管理下にないデバイスからのアクセスを制限することなどが推奨される対策です。

　中間者攻撃では、ユーザーが入力するワンタイムトークンを監視、窃取して割り込んで認証を突破します。

　攻撃者は、通信を傍受できるようにあらかじめ偽サイトなどの環境を用意しておき、標的型攻撃（フィッシングなど）でターゲットを偽サイトに誘導します。最初に入力させるユーザーIDやパスワードは正規サイトに転送しますが、次に入力させるワンタイムコードはユーザーの入力を監視および窃取するだけで、攻撃者は正規サイトに横から割り込んで、窃取したワ

5

ゼロトラストに対する脅威と対策

ンタイムコードを使って認証を突破します。

　対策としては、ID／パスワードおよびワンタイムコード以外の条件を入れた条件付きアクセスがあります。正しいID／パスワードおよびワンタイムコードが入力されたとしても、会社の管理下にある端末以外からはアクセスできないようにしておけば、攻撃者は侵入することができなくなります。

　プロンプト爆撃は、ユーザーの誤操作による承認を狙った攻撃です。

　攻撃者はユーザーが寝静まる深夜に大量の端末やブラウザを用意し、一斉にターゲットユーザーのアカウントにログインを行います。MFAの通知が設定されていると、深夜にアラームが鳴りやまなくなります。深夜なので寝ぼけて承認を押してしまう可能性もありますし、セキュリティに対する認識が甘ければ寝たいがために本来押してはいけない承認を押してしまう可能性もあります。単純ですが直接的な攻撃手法です。

　対策には、ユーザーに対する周知の徹底も必要ですが、スマホの集中モードなどを使って深夜にMFAアプリからのプッシュ通知による鳴動を抑止するのも1つの手段です。深夜作業の場合はそもそもスマホを手元に置いて作業しているはずなので、音が鳴らなくてもMFAアプリを意図的に起動して見ておけば自分自身の通知なのか悪意あるユーザーによる通知なのかは通知のタイミングと通知内容で気づけます。

　MFAに対する攻撃は、リモートワークや個人所有のデバイスを利用するユーザーにとって大きな脅威となっています。今回は3つしか攻撃手法を紹介していませんが、今後も攻撃方法が進化していくことは容易に想像できます。組織は、MFAだけでは対策が不十分であることを認識し、トークンを窃取する攻撃への対抗策を積極的に導入していく必要があります。

本書では、社内システムをいかにゼロトラスト化していくかについて、システム的な視点を中心に紹介しました。しかし、実際の運用はシステムだけでは回りません。それを動かす人や利用する人についても考える必要があります。また、生成AIなど新しい技術を取り込み、応用していく考え方も必要です。

5-2-1　SOC部隊による対策

セキュリティは、ITと切っても切り離せない現代社会において非常に重要な分野ですが、情報資産を狙う悪意あるユーザーと情報資産を守りたい会社の間で昔から競争が続いている変化の激しい分野でもあります。このような分野において、ゼロトラストの考え方をはじめとするセキュリティに関する高度な専門知識や技術は、会社として必要となる要素です。組織の規模にもよりますが、Security Operation Center (SOC) といった専門部隊を構築するケースもあります。

セキュリティ分野は、技術の進化や社会の変化に合わせて常に進化し、新しい脅威が登場します。こうした脅威に対抗するには、新しい技術の問題点などを網羅的に把握しておくような専門的な知識や技術が不可欠です。こうした対策の1つとして本書で紹介したゼロトラストがありますが、実際に導入していくと、組織の拡大に伴って運用の複雑化や肥大化が発生します。当然、情報管理部門が片手間でできるようなレベルではなくなっていくことが容易に想像できます。

最初は情報管理部門の一部機能として実施していたとしても、専門性や業務負荷を考えると、いずれは専門部隊としてSOCを立ち上げて運用することも検討していく必要があります。こうした組織を準備することで、自社のスキルを高め、対策や復帰における効率化と効果の最大化を狙えるよ

5

ゼロトラストに対する脅威と対策

うになります。

5-2-2　社員教育による対策

　本書では、セキュリティ対策の新たなアプローチとして注目される「ゼロトラスト」に焦点をあて、技術的な実現方法について具体的に解説してきました。しかし、実際の現場では、技術的な対策だけでは不十分です。人的な側面からのセキュリティの強化にも触れておく必要があります。

　ゼロトラスト化を強力に推進した企業でも、人の意識の改善ができていない場合、そこが弱点となり、情報資産が狙われるケースがあります。自ら漏えいしてしまうケースもあります。たとえば、社員の誤操作による情報漏えい（メールの誤送信などは典型例）や誤設定による情報漏えいはよく聞く事例かと思います。セキュリティにかなりの額を投資していると思われるような企業でもこうした事故を起こしてしまいます。また、フィッシングやランサムウェアなどの攻撃が最初に狙うのはシステムではなく社員自身です。このように、システムの保護を強化するのはもちろんですが、社員自身の強化もセキュリティ強化という点では重要な課題になります。

　こうした課題への対策はやはり、社員自身のセキュリティ意識を高めるために、定期的な教育を実施することに尽きます。教育の方法にもいろいろあります。古いやり方だと対面での集合研修がありますが、昨今ではeラーニングのコンテンツが増えていますし、ウェビナーなども増えています。また、フィッシングに関しては、偽装したトレーニングメールを社員に送るといった方法もあります。こうした対策は、いろいろな方法を組み合わせながら、内容を更新しつつ定期的に実行し、実行の進捗を確認する必要があります。

　ゼロトラストは、今後のセキュリティ対策において重要な技術ですが、それだけでは不十分であることを理解してもらえたでしょうか。人的側面からのアプローチ、特に社員のセキュリティ意識を高め、定期的な教育を通じて情報資産を守っていくことは、自社の情報資産を守る取り組みとして重要なものの1つです。

5-2-3　生成AIを使った対策

　2023年はじめ頃から、生成AIの利活用に関して目覚ましい進化があります。以前の生成AIではあまり注目されてきませんでしたが、現在はあらゆる産業界で利活用が検討されている状況です。特に日々の業務効率化の面での検討が進んでいます。それは、セキュリティ分野も例外ではありません。ログの分析や脅威の検知などの用途で生成AIの活用が進んできています。

　これまでのハンズオンでも見てきたように、ゼロトラスト化を進め、分散したログを集約すると、大量のログが集まってきます。その先には、大量のログの分析や検知をいかに効率化するかという課題が生じます。当然、人が目視で大量のログから脅威を探すといったことは不可能です。SIEMの機能でアラートを生成できたとしても、大量にアラートが出始めると、それを読むだけでも困難な作業になります。また、大量のアラートが出続けると、本来気づけなければならないアラートを見逃してしまうリスクも出てきます。

　こうした課題への対策として現在、生成AIの活用が考えられています。大量のデータから重要な情報を引き出したり、週間や月間のまとめを作成したりするなど、セキュリティ対策の強化における効率化を検討できるようになっています。生成AIを使うことで、ログの分析がスピーディになり、潜在的な脅威を素早く検出できるようになれば、人が目視で確認することが難しい細かいパターンの検知や個人の主観によるバイアスを取り除いた客観的な検知が可能となったり、人が起こしがちな取りこぼしを減らすことができたりします。こうした新しい技術を取り込んでいくことで、最終的には組織全体のセキュリティを高められるようになります。

　ゼロトラストの考え方と生成AIの組み合わせは、新しいセキュリティの時代を切り開く強力な手段となることが想像できます。これからの時代、技術の進化を恐れず、むしろそれを活用して、より安全な社会を築いていくための方法を積極的に検討、検証することが求められています。

5

ゼロトラストに対する脅威と対策

索引

［著者］

津郷 晶也 ／つごう あきなり

株式会社グローサイト代表取締役
NSSOL、リクルートなど、10年以上にわたってIT業界にて開発やマネジメントを
経験し、起業。
IT開発に関する幅広い知識を生かし、学習者に実践的かつ総合的な学習体験を提供
することを目標とし、一つの技術やスキルに特化するだけでなく、隣接する技術や
スキルも網羅したコンテンツを多数作成。
オンライン教育プラットフォームUdemy上では延べ10万人以上にIT開発に関わ
る教育コンテンツを提供。

STAFF

編集	株式会社トップスタジオ
	小田 麻矢
制作	株式会社トップスタジオ
校正協力	田髙 陸
カバーデザインサポート	馬見塚意匠室
副編集長	片元 諭
編集長	玉巻 秀雄

本書のご感想をぜひお寄せください

https://book.impress.co.jp/books/1123101026

読者登録サービス
CLUB impress

アンケート回答者の中から、抽選で図書カード（1,000円分）
などを毎月プレゼント。
当選者の発表は賞品の発送をもって代えさせていただきます。
※プレゼントの賞品は変更になる場合があります。

■商品に関する問い合わせ先

このたびは弊社商品をご購入いただきありがとうございます。本書の内容などに関するお問い
合わせは、下記のURLまたは二次元バーコードにある問い合わせフォームからお送りください。

https://book.impress.co.jp/info/

上記フォームがご利用いただけない場合のメールでの問い合わせ先
info@impress.co.jp

※お問い合わせの際は、書名、ISBN、お名前、お電話番号、メールアドレス に加えて、「該当する
ページ」と「具体的なご質問内容」「お使いの動作環境」を必ずご明記ください。なお、本書の範囲を
超えるご質問にはお答えできないのでご了承ください。

● 電話やFAX でのご質問には対応しておりません。また、封書でのお問い合わせは回答までに日数をい
ただく場合があります。あらかじめご了承ください。
● インプレスブックスの本書情報ページ　https://book.impress.co.jp/books/1123101026 では、本書
のサポート情報や正誤表・訂正情報などを提供しています。あわせてご確認ください。
● 本書の奥付に記載されている初版発行日から3年が経過した場合、もしくは本書で紹介している製品や
サービスについて提供会社によるサポートが終了した場合はご質問にお答えできない場合があります。

■落丁・乱丁本などの問い合わせ先
FAX　03-6837-5023
service@impress.co.jp
※古書店で購入されたものについてはお取り替えできません。

ゼロトラストセキュリティ実践ガイド

2024 年 1 月 21 日　初版発行

著　者　津郷 晶也
発行人　高橋 隆志
発行所　株式会社インプレス
　　　　〒101-0051　東京都千代田区神田神保町一丁目 105 番地
　　　　ホームページ　https://book.impress.co.jp/

印刷所　日経印刷株式会社

ISBN978-4-295-01836-0 C3055

Printed in Japan